Jo-Jo

Mathematik 2

Herausgegeben von
Joachim Becherer
Dr. Andrea Schulz

Erarbeitet von
Joachim Becherer
Martin Gmeiner
Mechthild Schmitz
Dr. Andrea Schulz
Heike Wadehn
Tanja Wolf-Gozdowski

Fachliche Beratung:
Prof. Dr. Silvia Wessolowski

Cornelsen

Inhaltsverzeichnis

Wiederholung

Stationen: Das kann ich schon

1. Station:
Rechnen rund um 10

2. Station:
Körperformen

Stationen im Klassenraum aufbauen **1. Station**: 10 als Startzahl nehmen, gewürfelte Zahlen addieren und subtrahieren; Zahlen ziehen lassen und zur 10 ergänzen; Zahlen zerlegen lassen **2. Station:** Gegenstände suchen und Körperform zuordnen

3. Station: Zahlen bis 20

4. Station: Geldbeträge legen

Addieren auf unterschiedliche Weise

1 Wie rechnen die Kinder? Erklärt.

2 Wie rechnest du?

a)	b)	c)	d)	e)
3 + 3	11 + 2	9 + 2	6 + 6	5 + 8
3 + 4	12 + 3	8 + 4	7 + 8	4 + 7
5 + 5	13 + 6	9 + 5	8 + 7	7 + 9
5 + 6	15 + 4	7 + 6	4 + 8	6 + 7

3 Löse nur die Aufgaben, deren Ergebnis größer als 10 ist.

a) 9 + 3 | 8 + 7 | 4 + 4 | 15 + 3 | 7 + 2 | 6 + 5

b) 8 + 8 | 16 + 3 | 4 + 5 | 9 + 4 | 8 + 4 | 14 + 4

4 Bilde Plusaufgaben und rechne.
Das Ergebnis soll zwischen 10 und 20 liegen.

1 Strategiekarten besprechen; Situation mit verschiedenen Aufgabenkarten nachspielen **1 und 2** Verschiedene Rechenwege besprechen und ausprobieren **3** Zehnerübergang thematisieren **4** Begriffe „addieren" und „Plusaufgaben" thematisieren

Subtrahieren auf unterschiedliche Weise

1 Wie rechnen die Kinder?

2 Wie rechnest du?

a)	b)	c)	d)	e)
4 – 2	5 – 2	11 – 2	12 – 4	18 – 9
6 – 3	15 – 2	13 – 4	14 – 7	16 – 8
8 – 4	9 – 4	14 – 5	14 – 8	13 – 7
8 – 5	19 – 4	15 – 6	16 – 9	17 – 8

3 Löse nur die Aufgaben, deren Ergebnis kleiner als 10 ist.

a) 14 – 5 | 9 – 2 | 15 – 7 | 18 – 7 | 16 – 3 | 11 – 4

b) 13 – 6 | 17 – 4 | 11 – 2 | 18 – 9 | 15 – 6 | 16 – 8

4

a)	b)	c)	d)	e)
3 – 0	14 – 2	20 – 8	12 – 5	11 – 9
8 – 4	18 – 5	18 – 9	15 – 6	14 – 6
9 – 4	19 – 9	19 – 10	13 – 9	17 – 8

1 In der Klasse mit verschiedenen Aufgabenkarten nachspielen **1 und 2** Verschiedene Rechenwege besprechen und ausprobieren **3** Zehnerübergang thematisieren

Übungen zum Addieren und Subtrahieren

1

a)	b)	c)	d)	e)
1 + 1	12 + 4	8 + 3	7 + 7	8 + 5
2 + 2	15 + 2	7 + 4	7 + 6	8 + 8
4 + 4	17 + 3	6 + 5	9 + 7	6 + 7

2

a)	b)	c)	d)	e)
2 − 1	12 − 2	12 − 3	14 − 7	13 − 9
4 − 2	16 − 4	15 − 6	14 − 6	18 − 9
6 − 3	18 − 7	17 − 8	15 − 8	16 − 8

3 Rechne geschickt.

a)	b)	c)	d)
3 + 6	3 + 9	5 + 8	3 + 17
4 + 8	5 + 7	7 + 9	14 + 4
2 + 9	6 + 9	8 + 11	2 + 18

4

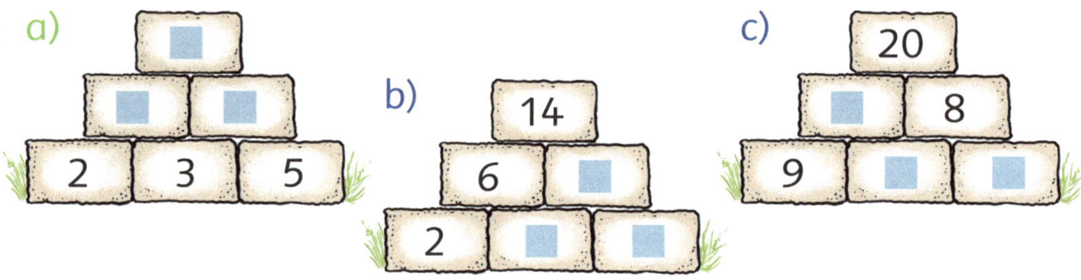

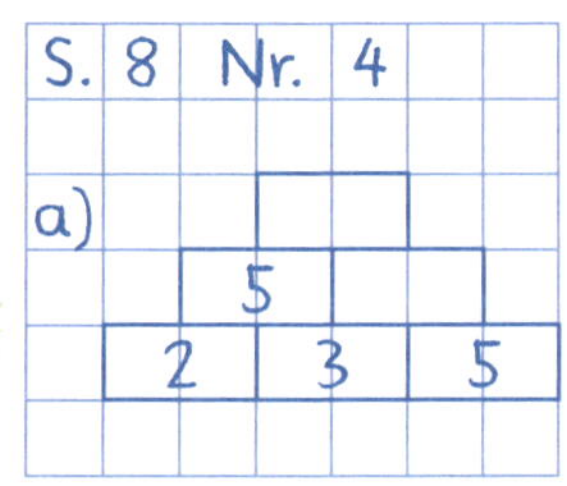

5 Finde die Fehler. Schreibe die Aufgaben richtig ins Heft.

a)	b)	c)	d)
6 + 1 = 7	14 + 6 = 20	7 − 2 = 5	11 − 5 = 6
5 + 5 = 9	9 + 3 = 12	9 − 5 = 5	18 − 4 = 14
8 + 7 = 15	13 + 0 = 0	12 − 2 = 10	13 − 6 = 7
11 + 5 = 16	11 + 6 = 18	14 − 8 = 6	12 − 8 = 20

6 Bildet die Aufgabenfamilien.

a)

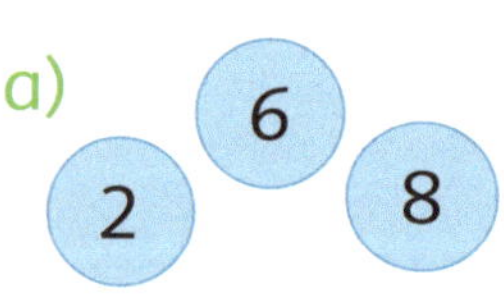

b)

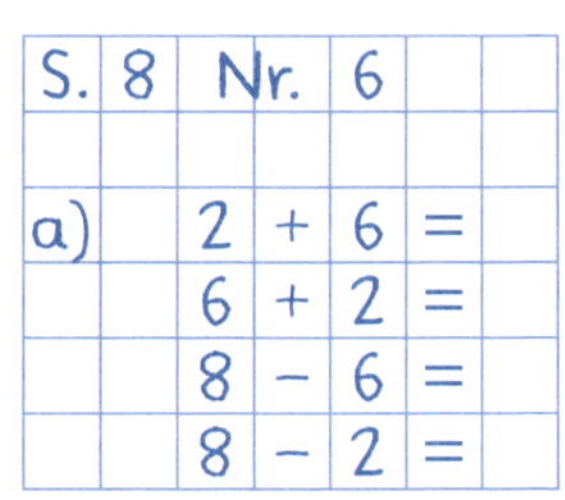

1 und 2 Jedes Kind rechnet auf seinem Weg **3** Tauschaufgabe thematisieren **4** Hefteintrag einführen **6** Aufgabenfamilien wiederholen: 4 Aufgaben, Tauschaufgabe, Umkehraufgabe; Begriffe „addieren“, „subtrahieren“, „Plus- und Minusaufgaben“ thematisieren

7 Rechne geschickt.

a)	b)	c)	d)
5 + 9	14 − 9	3 + 8	14 − 8
3 + 9	16 − 9	6 + 8	17 − 8
6 + 9	15 − 9	4 + 8	16 − 8
8 + 9	18 − 9	8 + 8	13 − 8

8

a)

+	3	4	9
6	■	■	■
7	■	■	■

b)

−	5	6	8
16	■	■	■
18	■	■	■

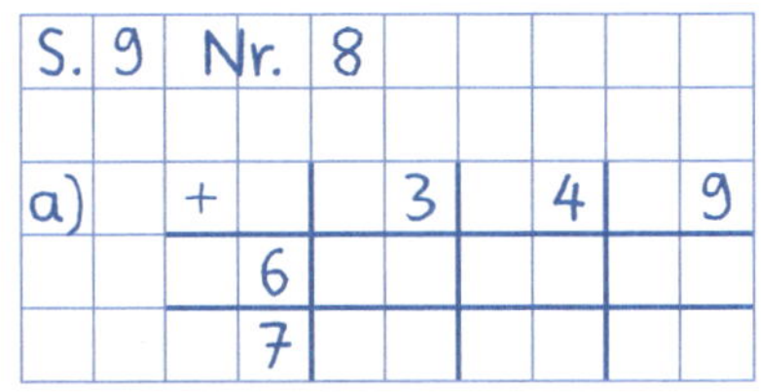

9 Welche Aufgaben sind leicht für dich? Markiere im Heft. ☒

a)	b)	c)	d)	e)
4 + 4	9 + 5	7 − 3	16 − 4	12 − 5
10 + 9	8 + 4	9 − 6	18 − 5	14 − 7
12 + 5	7 + 7	8 − 4	15 − 0	15 − 8
14 + 6	6 + 9	9 − 9	19 − 8	16 − 9

10 Rechne geschickt.

a)	b)	c)	d)
8 + 2 + 5	5 + 4 + 5	11 − 4 − 1	16 − 8 − 4
9 + 4 + 1	7 + 7 + 6	13 − 3 − 5	14 − 7 − 6
6 + 3 + 7	8 + 8 + 3	15 − 8 − 5	12 − 6 − 3
6 + 5 + 6	9 + 2 + 9	17 − 4 − 7	18 − 7 − 9

11

a)

b)

c)

7 „Neuner-Trick" wiederholend thematisieren **8** Hefteintrag üben **9** Warum sind diese Aufgaben leicht? **10** Abfolge des Addierens und Subtrahierens reflektieren; vorteilhaftes Rechnen begründen **11** Ggf. eigene Zahlenrätsel erstellen

Der Zahlenraum bis 100

Schätzen und zählen

1 a) Wie viele? Schätze und begründe.

S.	1	0	Nr.	1							
			geschätzt					gezählt			
Honig											

b) Was kannst du zählen und was nicht?
Begründe.

c) Wie viele Kürbisse wären es bei einer Schicht mehr?

2 Vergleicht eure Ergebnisse. Was fällt euch auf?

Zahlvorstellung zum Zahlenraum bis 100 aufbauen; Bildbeschreibung: Welche Mengen sind strukturiert abgebildet und somit gut schätz- und zählbar? Welche Mengen sind unstrukturiert dargestellt und somit nur schwer zählbar? Vorgehensweise thematisieren

3 Wie viele sind es? Erzählt und spielt nach.

4 Wie viele Bohnen sind etwa auf dem Teller? Schätzt und begründet.

5 Wie viele Würfel sind es insgesamt? Schätzt zuerst, zählt dann.

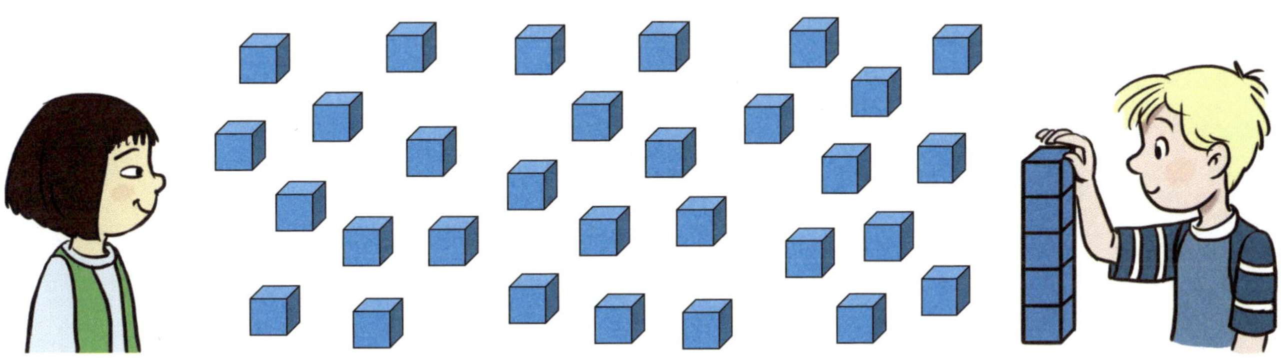

In der Klasse nachspielen **3** Verschiedene Strategien nutzen, um die Anzahl einer Menge zu bestimmen (5er-, 10er-Bündelung, abzählen) **4** Teller mit dem Löffel „ausmessen“, um die ungefähre Anzahl zu bestimmen; verschiedene Alltagsmaterialien nutzen

Arbeitsheft S. 6

Das Hunderterfeld

1 Untersucht das Hunderterfeld. Ergänzt und findet eigene Aussagen.

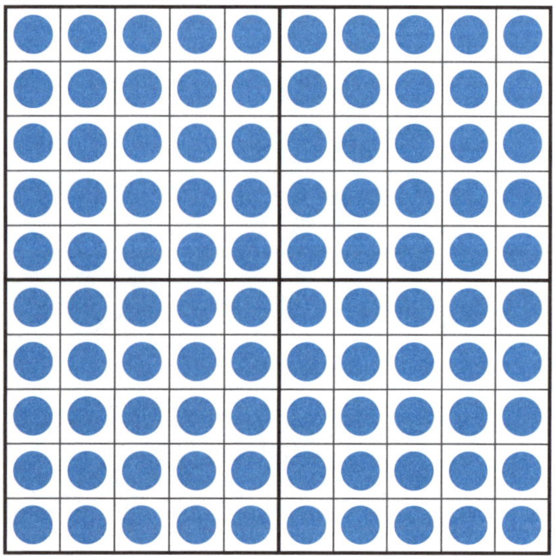

a)

b)

c)

d)

2 Zeigt auf unterschiedliche Weise.

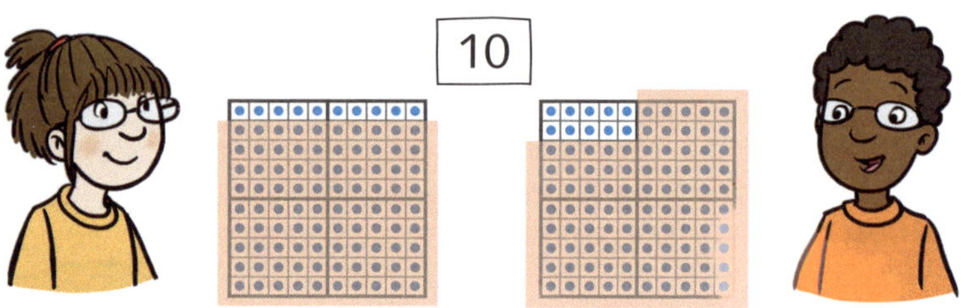

20	40	30	50
90	80	70	60

3 Notiere Zahlwort und Zahl.

zehn	dreißig	fünfzig	siebzig	neunzig
zwanzig	vierzig	sechzig	achtzig	einhundert

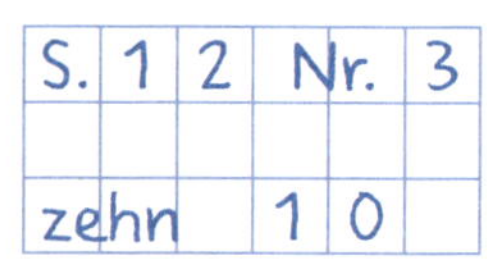

4 Zeige zuerst die Punkte. Wie viele Punkte sind dann abgedeckt?

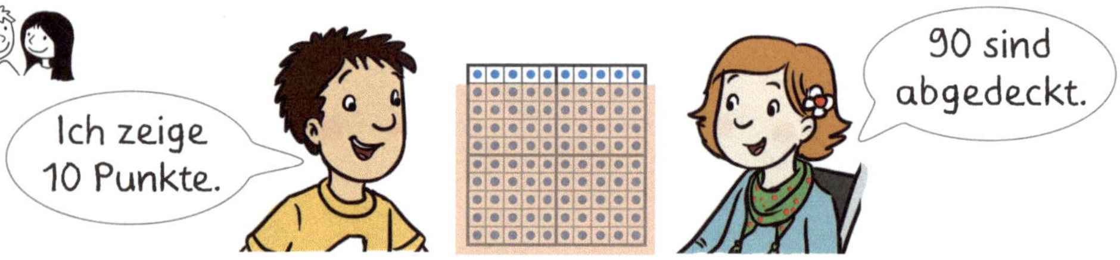

a) 10, 40, 20, 70, 0

b) 80, 30, 90, 60, 100

5 a) 100 = 90 + ☐
100 = ☐ + 60

b) 100 = 50 + ☐
100 = ☐ + 70

c) 100 = 20 + ☐
100 = ☐ + 0

1 und 2 Mit dem Hunderterfeld kann eine Menge von 1 bis 100 Punkten dargestellt werden (kardinaler Zahlaspekt); dabei unterschiedliche Abdeckmöglichkeiten ausprobieren
1 bis 4 Bei Bedarf mit Abdeckwinkel arbeiten (Beilage)

Zehnerzahlen

1 Legt und vergleicht.

2 Lege und vergleiche. Setze im Heft <, > oder = ein.

a) 7 ◯ 3 — 70 ◯ 30
b) 5 ◯ 9 — 50 ◯ 90
c) 8 ◯ 4 — 80 ◯ 40

S.	1	3	Nr.	2		
a)		7	>		3	
	7	0	>	3	0	

3 Vergleiche. Setze im Heft <, > oder = ein.

a) 60 ◯ 20
b) 50 ◯ 50
c) 40 ◯ 70
d) 90 ◯ 30

4 Ordne. Beginne mit der kleinsten Zahl.

a) 40, 50, 30, 70, 10
b) 50, 80, 60, 20, 40

S.	1	3	Nr.	4				
a)	1	0	<	3	0	<		

5 Ordne. Beginne mit der größten Zahl.

a) 80, 20, 60, 40, 100
b) 50, 70, 10, 90, 30

6 Notiere und rechne zuerst die kleine Aufgabe.

a) 60 + 30
b) 70 + 10
c) 50 + 20
d) 90 − 40
e) 80 − 60
f) 60 − 20

S.	1	3	Nr.	6				
a)		6	+		3	=		
	6	0	+	3	0	=		

1 und 2 Einer und Zehnerzahlen mit Material (Plättchen und Zehnerstreifen) legen; Anzahlen vergleichen; Analogien zum Zehnerraum bewusst machen

Arbeitsheft S. 7

Zehner und Einer

1 Wie viele Stifte sind es? Erzählt.

2 Wie viele Zehner, wie viele Einer? Lege und notiere in einer Stellentafel.

a) 

b) 

S.	1	4	Nr.	2
a)		Z	E	
		4	2	

c) 

d) 

3 Notiere in einer Stellentafel.

a) 

b) 

c) 

4 Wie viele Zehner? Wie viele Einer? Notiere in einer Stellentafel.

a) 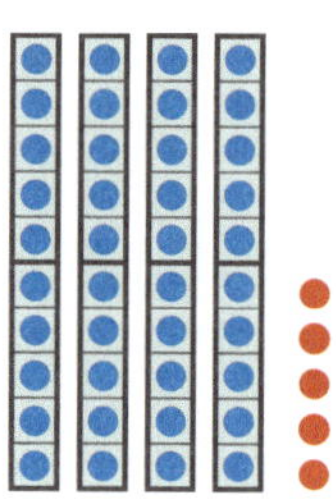

b) 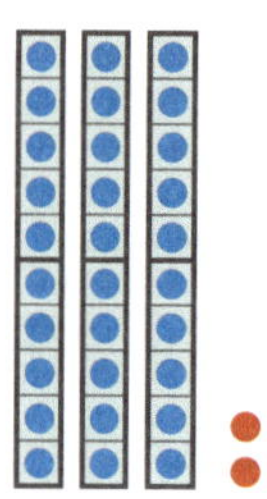

c) 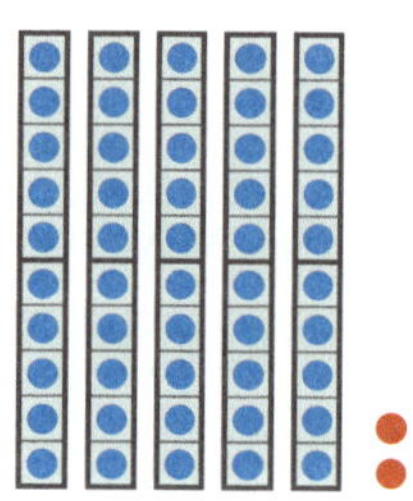

d) 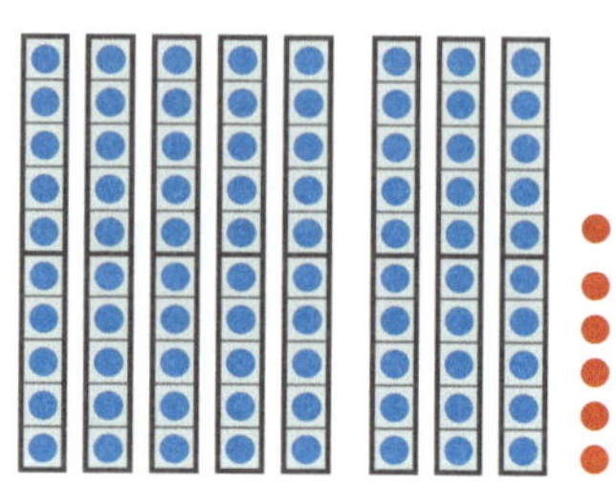

Zehnerbündelung in den unterschiedlichen Materialien entdecken: Immer 10 Einer sind 1 Zehner **4** Selbst weitere Zahlen legen und in eine Stellentafel eintragen

5 Erzählt und spielt nach.

6 Legt die Zahlen. Wechselt euch ab.

a)

Z	E
2	3

Z	E
4	4

Z	E
6	2

Z	E
7	5

b) 90 + 2
50 + 5
20 + 8
60 + 7

c) vier | und | siebzig
fünf | und | neunzig
drei | und | sechzig
sieben | und | fünfzig

!

Ich lege:

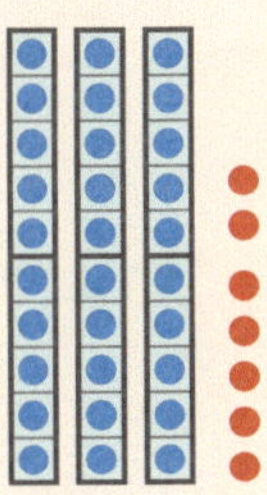

Ich schreibe: 37

Ich spreche:

7 Lest laut und zählt weiter.

a) 21, 22, 23, ... 30
b) 75, 76, 77, ... 85
c) 50, 49, 48, ... 40
d) 32, 31, 30, ... 22

8 Ein Kind schreibt eine Zahl auf den Rücken des Partners. Dieser nennt und notiert die Zahl.

5 Zahlen mit Material legen, als Term schreiben; Zahlwort mit Wortkarten legen, auf Besonderheiten hinweisen: Aus welchen Wörtern besteht das Zahlwort einer zweistelligen Zahl, wie sprechen und schreiben wir? (Kopiervorlage)

Zahlbilder

1 Legt, zeichnet und schreibt. Wechselt euch ab.

2 Zeichne die Zahlbilder und schreibe die Zahlen.

a) 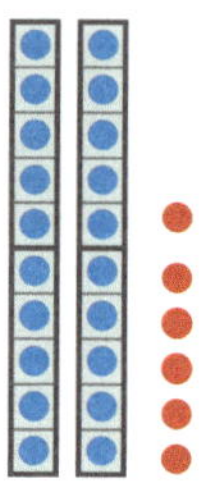

b) 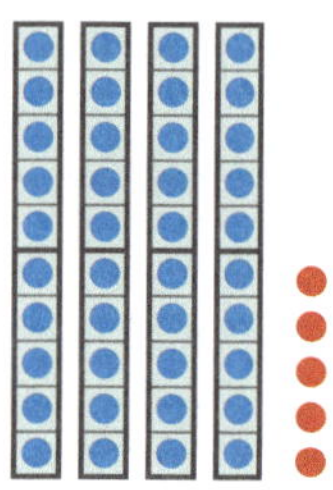

c) 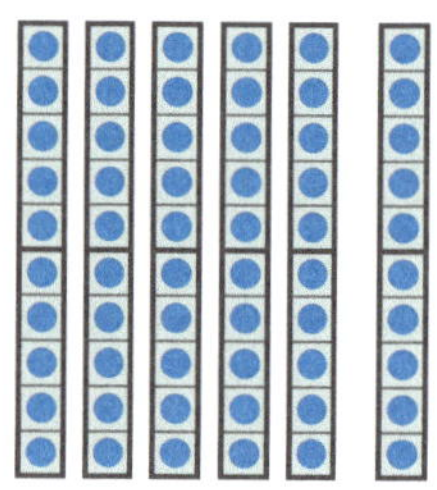

d) 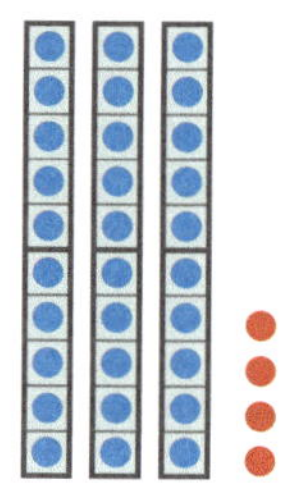

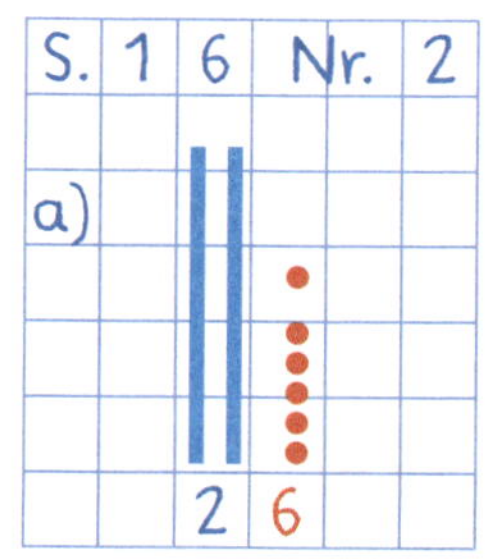

3 Welche Zahlen sind es?

a) 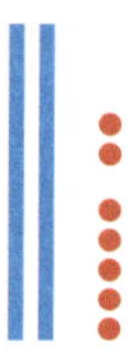

b) 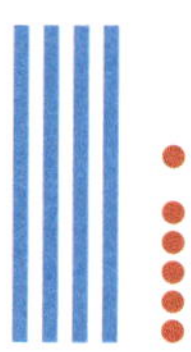

c) 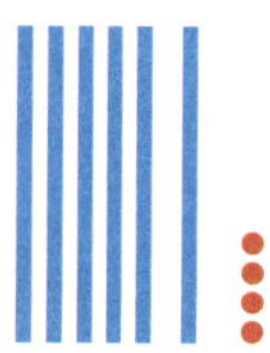

d) 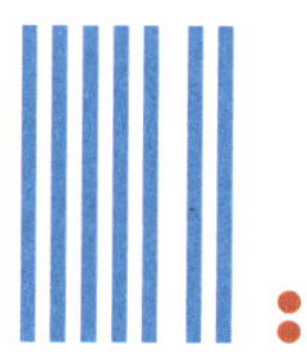

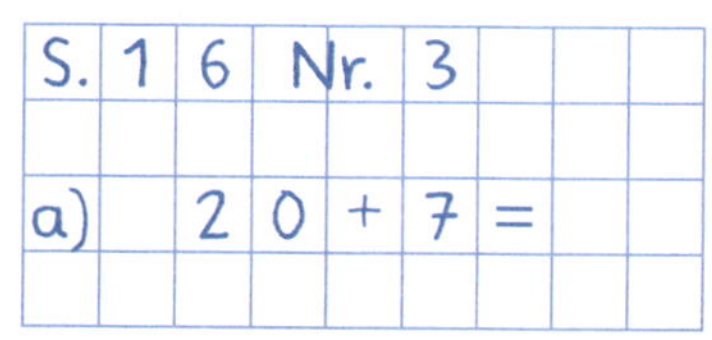

4 Zeichne die Zahlbilder.

a)

Z	E
2	3

b)

Z	E
4	3

c)

Z	E
5	6

d)

Z	E
8	2

5 Zeichne die Zahlbilder und löse die Aufgaben.

a) 20 + 2
30 + 3
40 + 4

b) 60 + 2
70 + 1
80 + 2

c) 10 + 5
20 + 6
30 + 7

d) 80 + 4
60 + 5
40 + 7

1 Zahlen mithilfe von Plättchen, Zahlbildern und Stellentafel darstellen

6 Zeichne die Zahlbilder.

21 34 65 71 83 94

7 Schreibe die Zahlen zu den Zahlbildern. Vergleiche sie. Setze <, > oder = ein.

S.	1	7	Nr.	7	
a)	2	3	<	3	1

a) b) c) d)

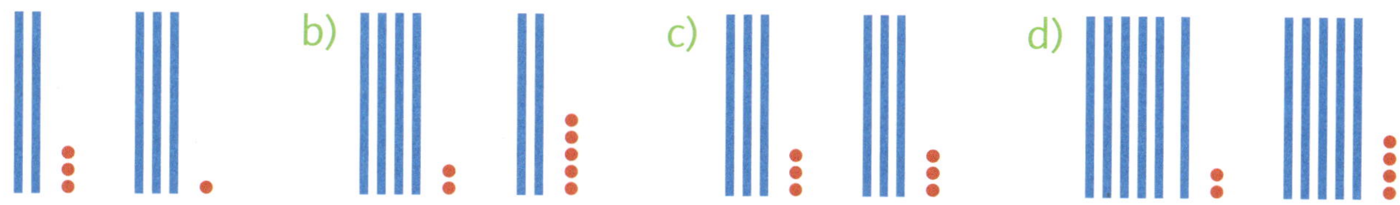

8 Vergleiche. Setze im Heft <, > oder = ein.

a)	b)	c)	d)
34 ○ 45	46 ○ 46	56 ○ 60 + 5	80 + 6 ○ 90 − 6
89 ○ 98	56 ○ 58	72 ○ 70 + 2	60 + 4 ○ 60 − 4
78 ○ 78	73 ○ 37	93 ○ 60 + 3	30 + 5 ○ 40 − 5

9 Welche Zahlen entstehen?

a) Wische einen Zehner weg.
b) Male zwei Zehner dazu.
c) Wische zwei Einer weg.
d) Male drei Einer dazu.

10 Löse die Aufgaben. Nutze die Zahlbilder.

a)	b)	c)	d)	e)
24 + 1	38 − 1	46 + 10	57 − 10	66 − 4
24 + 2	38 − 2	46 + 20	57 − 20	62 + 2
24 + 3	38 − 3	46 + 30	57 − 30	63 − 30

11 Welche Zahlen entstehen? Nutze die Zahlbilder.

a)

Ali

b)

Lisa

c)

Toni

9 Teilaufgaben jeweils ausgehend vom angegebenen Tafelbild lösen **11** Aufgabe kann im Kopf, mit Zahlbildern oder mit Material gelöst werden

Die Hundertertafel

1 Untersucht die Hundertertafel. Ergänzt und findet eigene Aussagen.

1	2	3	4	5	6	7	8	9	10
11				15					20
21				25					30
31				35					40
41				45					50
51				55					60
61				65					70
71				75					80
81				85					90
91				95					100

a)

b)

c)

d)

2 Zeigt an der Hundertertafel und setzt fort.

a) 9, 19, 29, ... b) 21, 22, 23, ... c) 93, 83, 73, ... d) 40, 39, 38, ...

3 Welche Zahlen stehen ...

a) rechts von 11? b) unter 2?
c) über 91? d) links von 80?

S. 18 Nr. 3
a) 11, 12, 13,

4 Gehören die Zahlen in eine Zeile oder in eine Spalte?

a) 14, 34, 74, 54, 4, 84
b) 87, 81, 83, 90, 89, 85
c) 62, 92, 22, 42, 82, 12

5 Nimm eine leere Hundertertafel.

a) Trage alle einstelligen Zahlen ein.
b) Trage alle Zehnerzahlen ein.
c) Trage alle zweistelligen Zahlen mit dem Einer 1 ein.
d) Färbe die Felder grün wie im Bild.
e) Trage die fehlenden Zahlen in die grünen Felder ein.
Was stellst du fest?

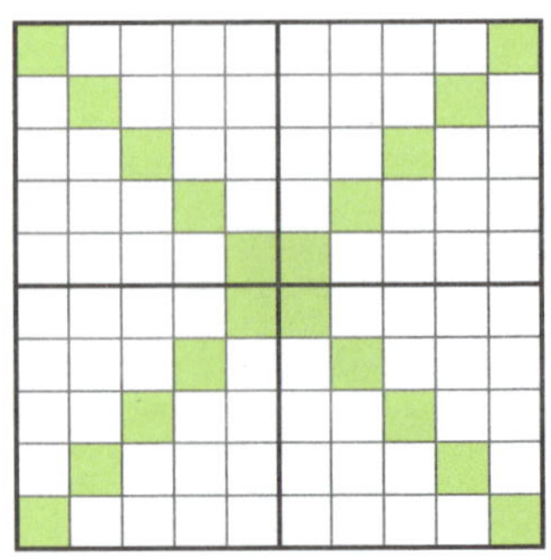

1 Hundertertafel (Beilage) verwenden
5 Lehrerkopiervorlage verwenden

6

1. Nennt eine Zahl.
2. Zeigt ihren Platz in der Hundertertafel.
3. Welche Zahlen haben ihren Platz daneben, darüber und darunter?

7 Untersucht die Ausschnitte aus der Hundertertafel. Schreibt die fehlenden Zahlen auf.

a)

11		13
	22	
31		33

b)

24		26
	35	
44		46

c)

76		78
	87	
96		98

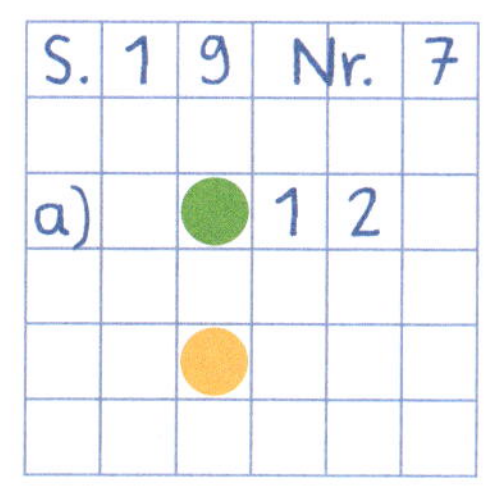

8

a)

	72	
	82	
	92	

b)

57	58	59

c)

	19	
28	29	

d)

	15	

9 Übertrage die Ausschnitte aus der Hundertertafel in dein Heft. Ergänze die fehlenden Zahlen.

a)

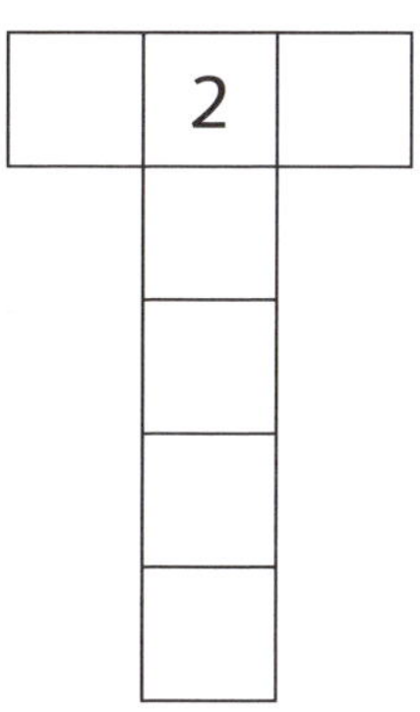

b)

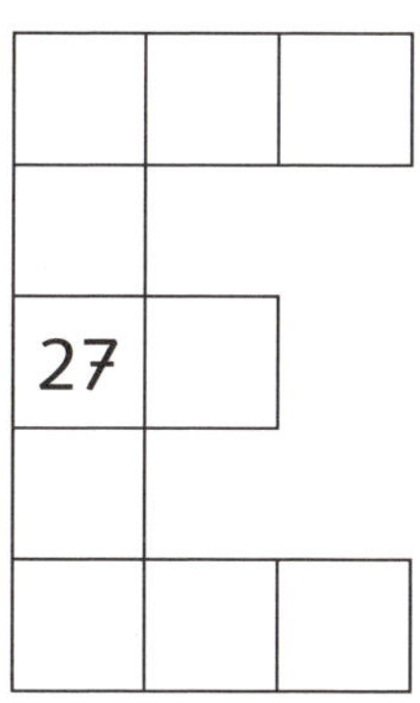

c)

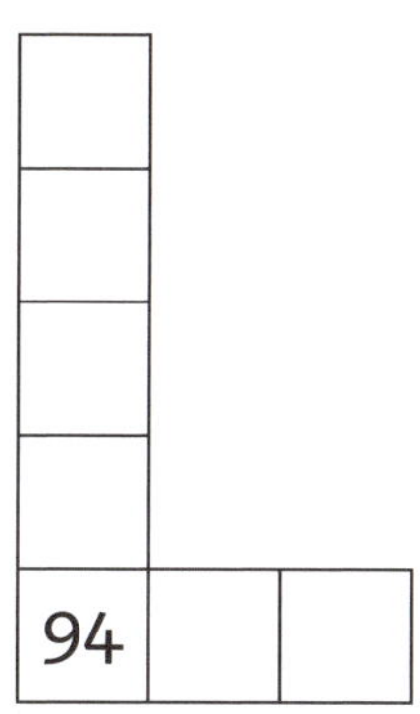

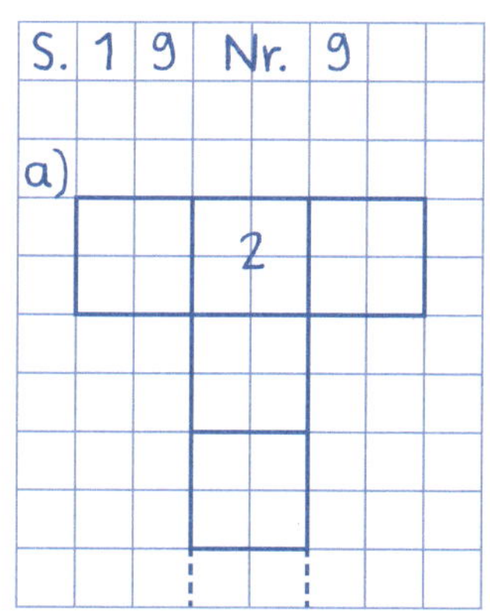

Der Zahlenstrahl

1 Stelle einen eigenen Zahlenstrahl her.

1. 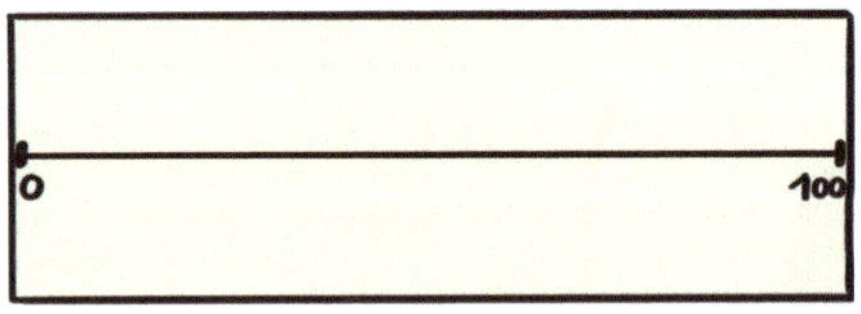

- Zeichne einen Strich auf einen Papierstreifen.
- Beschrifte mit 0 und 100.

2. 

- Falte in der Mitte.

3. 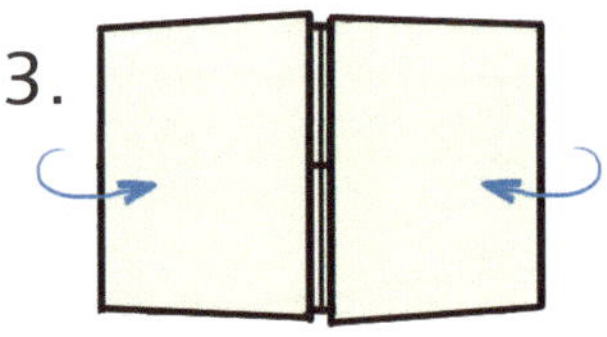

- Klappe auf und falte von beiden Seiten zur Mitte.

4. 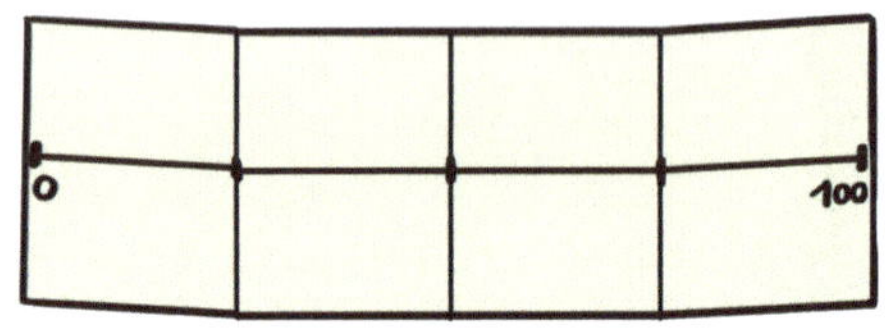

- Markiere und beschrifte die Faltstellen.

2 Arbeitet mit eurem Zahlenstrahl. Wo ungefähr liegen die Zahlen? Zeigt und erklärt.

a) 24, 51, 76, 99

b) 10, 20, 30, 40

c) 60, 70, 80, 90

d) 5, 15, 65, 85

3 Schreibe zu den Buchstaben (A, B, ...) die Zahlen auf.

a) 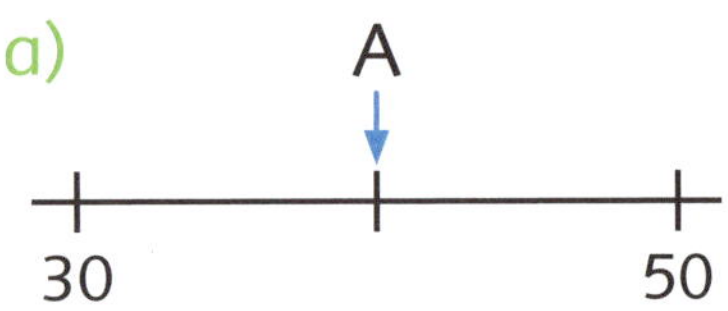

b) 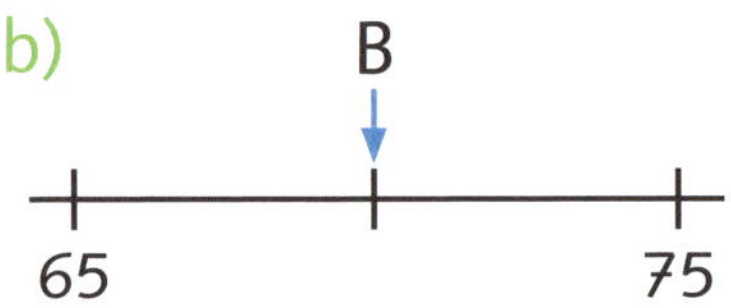

c) 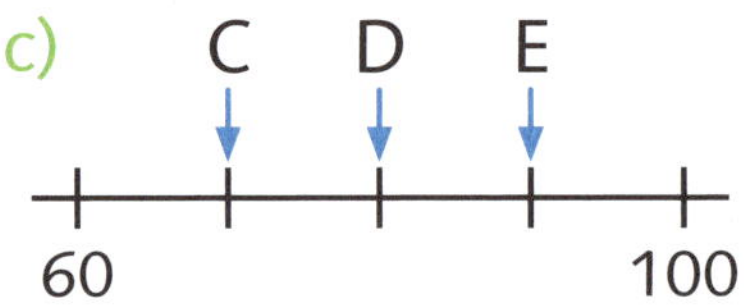

4 Richtig oder falsch? Erkläre.

a) 

b) 

c) 

1 Grobe Orientierung am Zahlenstrahl: Wo liegen die Zahlen ungefähr? eigenen Zahlenstrahl herstellen 2 Am selbst erstellten Zahlenstrahl arbeiten

5 Erzählt und spielt nach.

6 Zeigt am Zahlenstrahl.

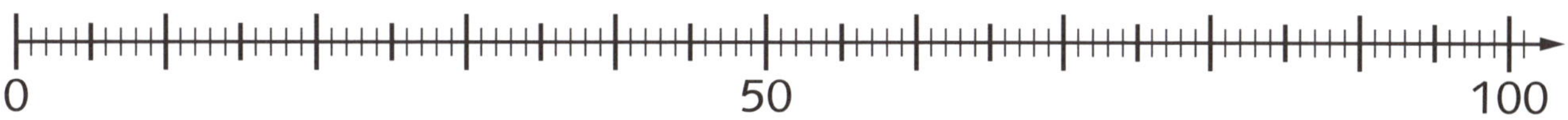

a) 20, 30, 60, 80, 100 b) 15, 25, 55, 65, 95 c) 22, 37, 53, 61, 89

7 a) Zeige eine Zahl am Zahlenstrahl. Dein Partner nennt Vorgänger und Nachfolger. Wechselt euch ab.
b) Zeigt und zählt weiter: 5, 15, 25, …
c) Zeigt und zählt weiter: 99, 89, 79, …

8 Wie heißen Vorgänger und Nachfolger?
Zeige am Zahlenstrahl und notiere im Heft.

a) 12 b) 77 c) 43 d) 54 e) 69

S. 21 Nr. 8
a) 11 < 12 < 13

9 Wie heißen die Nachbarzehner?

52 35 46 14 21 63 75

S. 21 Nr. 9

	Nachbarzehner	Zahl	Nachbarzehner
a)	10	14	20

Euro und Cent

1 Ordne nach dem Wert. Benutze dein Rechengeld.

2 Wie viel Euro sind es?

a) 

b) 

c) 

S.	2	2	Nr.	2
a)		2	1	€

3 Ordne nach dem Wert.
Benutze dein Rechengeld.

4 Wie viel Cent sind es?

a) 

b) 

c) 

d) 

5 Lege und zeichne auf zwei Arten.

a) 72 Euro b) 29 Euro c) 80 Euro

S.	2	2	Nr.	5		
a)		7	2	€		
	1.	50 €				(2 €)
	2.					

6 Richtig oder falsch? Probiere es aus und zeichne.

a) 

b) 

c) 

7 Schau dir im Internet die Rückseiten der Euro-Münzen an. Was entdeckst du?

1 bis 6 In der Klasse mit Rechengeld (Beilage) nachlegen **2 und 4** Bei Bedarf nachlegen
5 Scheine und Münzen vereinfacht zeichnen; mehrere Lösungen möglich

8 Wie viel Euro bekommen die Kinder zurück?

a)

b)

c)

9 a) Simon bezahlt:

Was hat er gekauft?

b) Ina möchte kaufen:

Reichen  ?

c) Nils bezahlt:

Was kann er gekauft haben?

10 Schreibt eigene Aufgaben und löst sie.

11 Schneidet aus Prospekten Fotos von Spielsachen mit Preisen aus. Gestaltet ein Plakat. Was fällt euch bei den Preisen auf?

Wiederholung

1 Welche Zahlen sind es?

a) b) c) d) e)

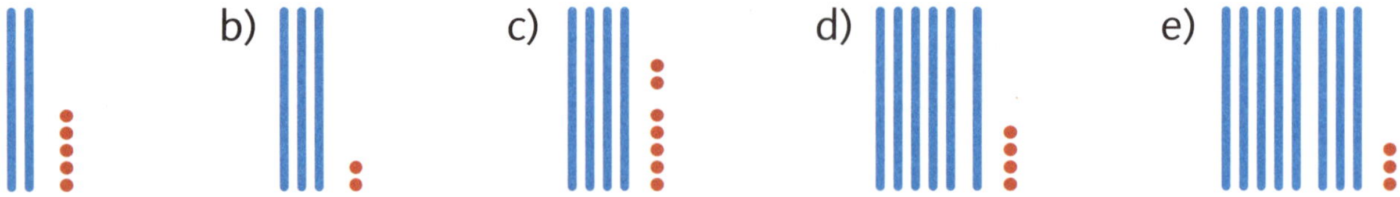

2 Zeichne die Zahlbilder und notiere die Zahlen in dein Heft.

a) vierunddreißig b) einundzwanzig c) fünfundvierzig d) zweiundfünfzig

3 Ordne die Zahlen.

a) Beginne mit der kleinsten Zahl.

28 | 17 | 42 | 48 | 64 | 36

b) Beginne mit der größten Zahl.

36 | 63 | 23 | 32 | 26 | 62

4 Welche Zahlen sind verdeckt?

a)

18	●	20
●	29	●
38	●	40

b)

●	32	●
41	42	43
●	52	●

c)

77	●	
●	●	
97	●	99

d)

●	●	
71	●	
		●

5 Welche Zahlen sind markiert?

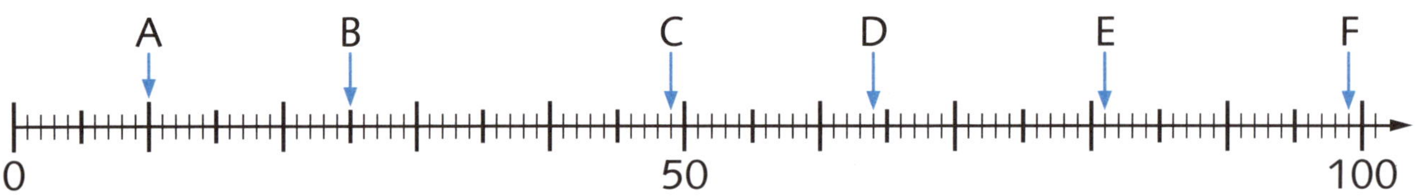

6 Reicht das Geld?

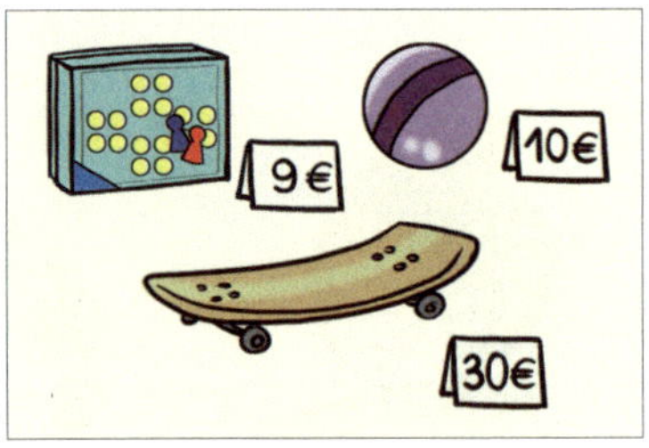

a) Sulola möchte kaufen:

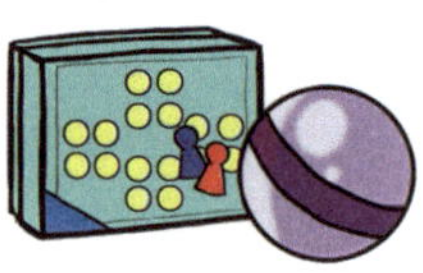

Sie hat 50 €.

b) Simon möchte kaufen:

Er hat 20 €.

L Schreibe deine 3 Lieblingszahlen auf. Zeichne die Zahlbilder.

Die Seite selbstständig bearbeiten, anschließend über den Aufbau des Zahlenraums bis 100 reflektieren **6** Begründen, warum das Geld nicht reicht; bei Bedarf Rechengeld verwenden

Knobelseite: Bilder-Sudoku

(1) Betrachtet im kleinen Quadrat die Zeilen und Spalten.

a) Beschreibt die Anordnung der Figuren.

b) Legt im großen Quadrat die richtigen Figuren.

(2) Übertrage ins Heft und zeichne die richtigen Figuren ein.

a)

b)

c)

(3) Hier gelten für die Zeilen und Spalten die gleichen Regeln wie oben. Außerdem darf in jedem kleinen 4er-Quadrat jede Figur nur einmal vorkommen.

a) Löse im Heft.

b) Suche im Internet weitere solche Rätsel mit dem Suchwort „Sudoku mit Symbolen“.

A

B

Geometrische Körper

Würfel, Quader, Zylinder und Kugel

1 Beschreibt die Gegenstände. Ordnet sie den Begriffen zu.

2 Sucht ähnliche Gegenstände im Klassenraum. Beschreibt und ordnet sie nach der Form.

3 Untersuche einen Quader. Ergänze die Sätze im Heft.

4 Untersuche auch Würfel, Zylinder und Kugel. Bilde ähnliche Sätze.

!

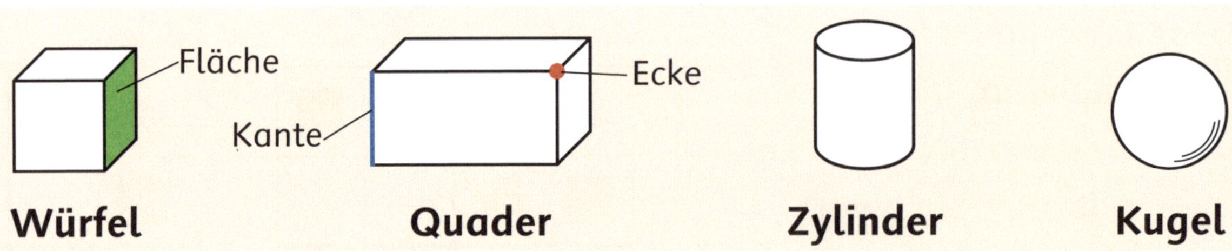

5 Schließt die Augen. Lasst euch einen geometrischen Körper geben. Beschreibt seine Form.

1 und 2 Gegenstände beschreiben und ordnen; dann im Klassenraum mit realen Objekten nachvollziehen **5** Dabei haptische Wahrnehmung nutzen und schulen

6

a) Welche Körper könnt ihr aus Knetmasse, welche mit Holzstäbchen bauen?

b) Wählt einen Körper aus und baut ihn.

7 Hier wurden Körper in der Mitte durchgeschnitten. Welche 2 Teile gehören zusammen?

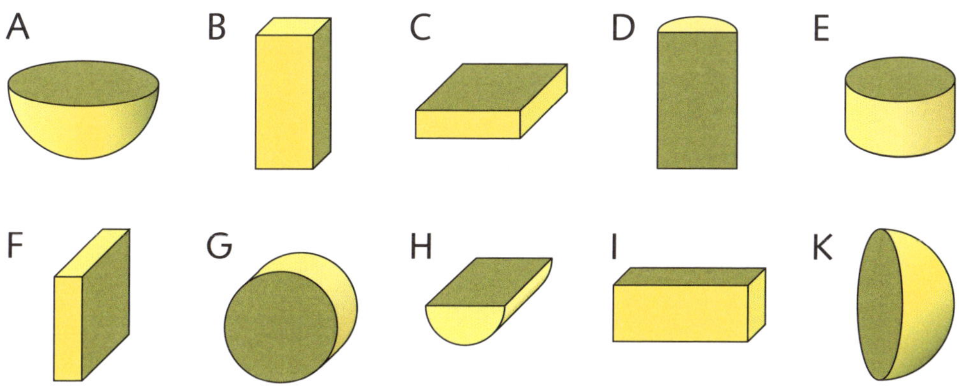

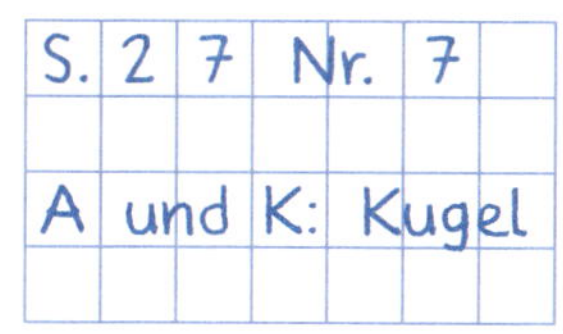

8 Fahre die Kanten entlang. Finde die Lösungswörter.

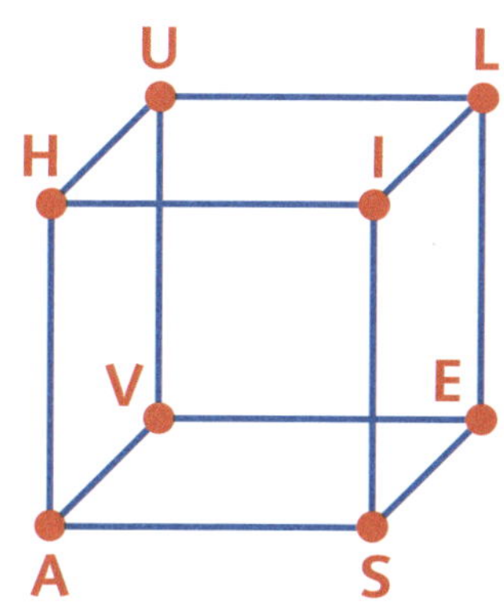

a) von **L** nach vorn, nach unten, nach links

b) von **V** nach vorn, nach rechts, nach hinten

c) von **E** nach vorn, nach hinten, nach oben

d) von **E** nach oben, nach vorn, nach unten, nach links

9 Notiere die Wege von **U L I** und **E V A** im Heft.

6 Kugel und Zylinder lassen sich gut mit Knetmasse herstellen (Vollkörper), Würfel und Quader mit Holzstäbchen (Kantenmodell)

Ansichten von Körpern

1 Erzählt. Wer hat welches Foto gemacht?

Info

Miniaturenland
In einem Miniaturenland sind Bauwerke verkleinert nachgebaut.
So können diese von vorn, von hinten, von links, von rechts und von oben genau betrachtet werden.

A

B

C

D

E

2 Welche Ansichten gehören zu welchem Gebäude?

a)

b)

c)

A

B
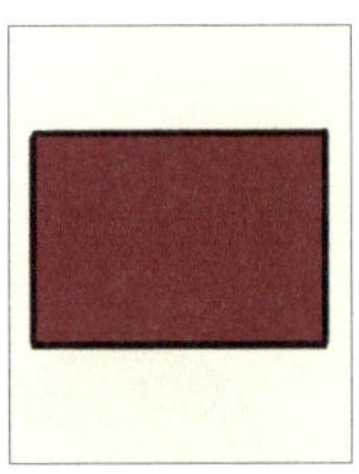
C

D
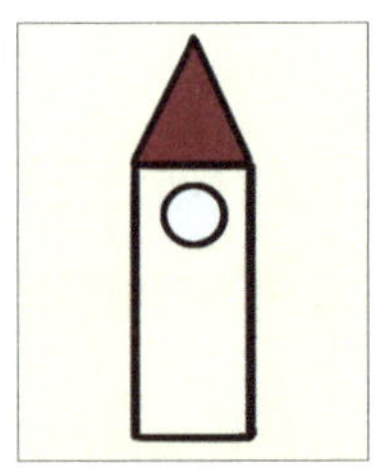

S. 28 Nr. 2
a) Ansicht E,

E
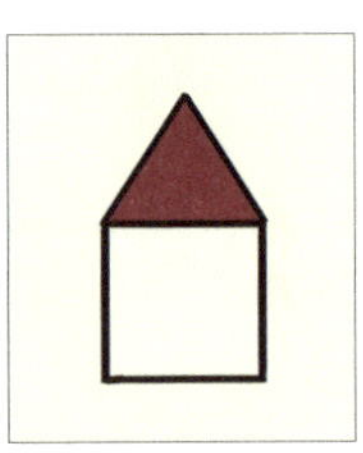
F
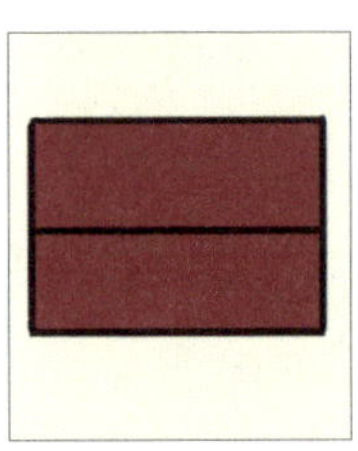
G
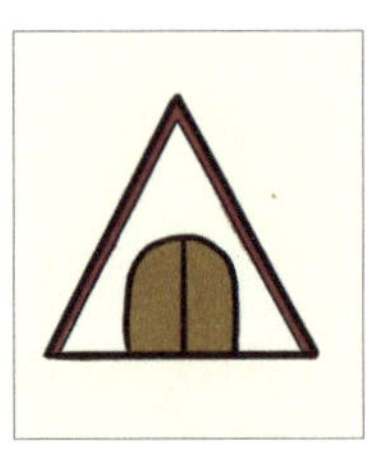
H

I

3 Fotografiert euer Schulhaus von verschiedenen Seiten. Stellt die Bilder in eurer Klasse aus. Von welcher Seite wurde fotografiert?

1 Situation im Klassenzimmer nachspielen; durch Abdecken eines Auges kann das räumliche Sehen ausgeschaltet werden

4 Was sagen die Kinder?

5 Betrachte die Körper.

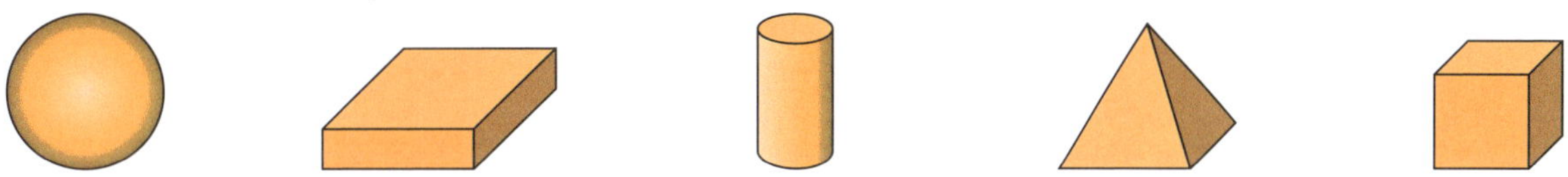

Kugel | Quader | Zylinder | Pyramide | Würfel

a) Welche Körper wurden von vorn gezeichnet? Ordne zu.

A | B | C | D | E

b) Welche Körper wurden von oben gezeichnet? Ordne zu.

A | B | C | D | E

6 a) Die Kinder zeichnen Ansichten. Ordne die Ansichten den Kindern zu.

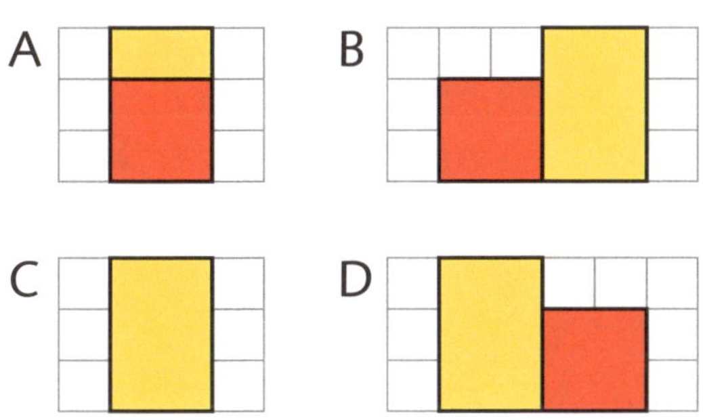

b) Zeichne die Ansichten, wie sie die Kinder von oben sehen.

4 und 5 Für diese Aufgaben sollten geometrische Körper zur Verfügung stehen

Arbeitsheft S. 15

Würfelgebäude

1 Erzählt.[1]

2 Baut Würfelgebäude nach Plan.

a)

3	3
2	2

b)

3	2
2	1

c)

1	2	1
2	3	2
1	2	1

d)

3	2	1
2	1	3
1	3	2

3 Ordne die Würfelgebäude den Bauplänen zu. Finde das Lösungswort.[3]

a)

3	2
2	2

b)

2	2
2	1

c)

2	1	2
1	1	1
2	1	2

d)

2	3	2
1	2	1
1	1	1

e)

1	1	1
1	2	1
1	1	1

M
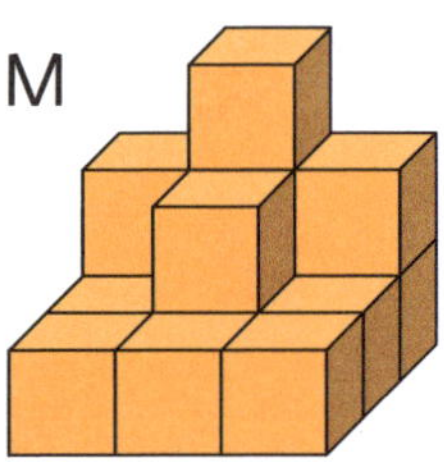

I
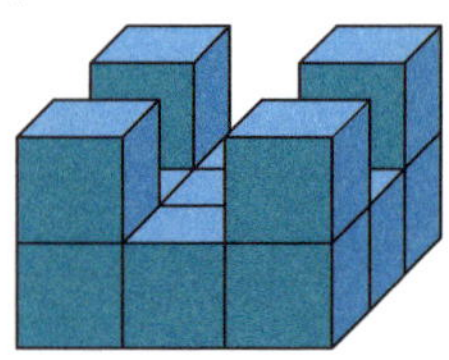

P

A

R

4 Zeichne Baupläne zu den Würfelgebäuden.

a)

b)

c)

d)

S. 30 Nr. 4

a)

3	2
1	0

5 Baue eigene Gebäude. Zeichne die passenden Baupläne dazu.

Arbeitsheft S. 16

1 Situation im Klassenzimmer nachspielen
3 Selbstkontrolle durch das Lösungswort

Wiederholung

1 Welche Körper können es sein?

a) ... hat 6 Flächen. b) ... hat 3 Flächen.
c) ... hat keine Ecken. d) ... hat 8 Ecken.
e) ... hat keine Kanten. f) ... hat 12 Kanten.

S. 31 Nr. 1
a) Würfel oder

2 Betrachte die Körper.

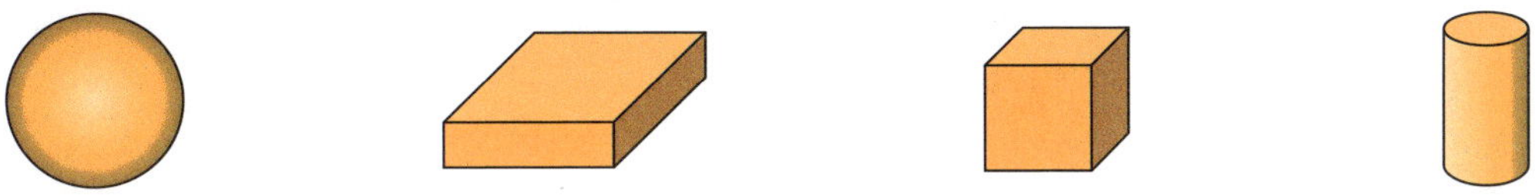

Kugel Quader Würfel Zylinder

a) Welche Körper wurden von vorn gezeichnet? Ordne zu.

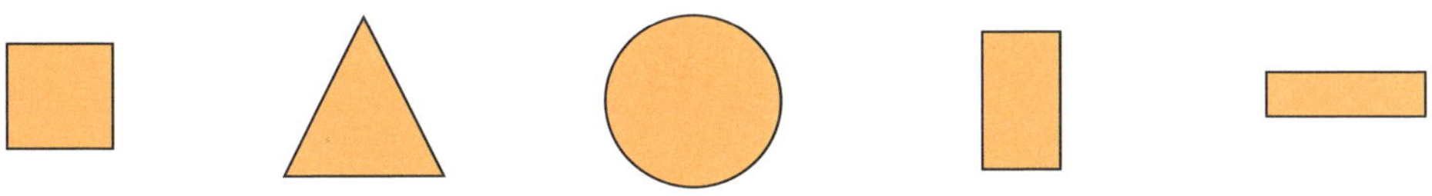

A B C D E

b) Welche Körper wurden von oben gezeichnet? Ordne zu.

A B C D E

3 Baue die Würfelgebäude nach. Zeichne den Bauplan.

a) b) c) d)

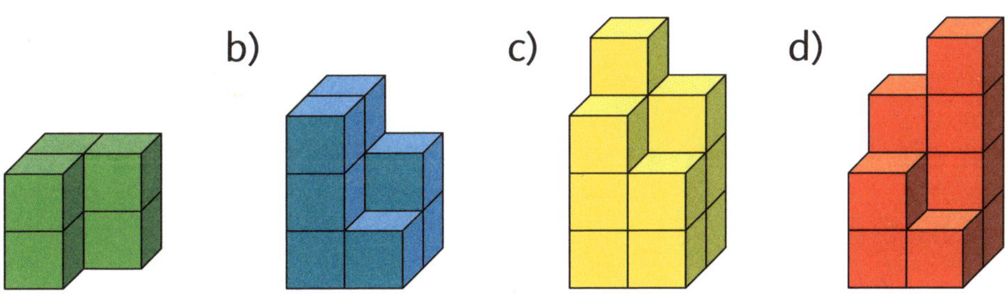

S. 31 Nr. 3
a)
2	2
2	0

L Baue eigene Gebäude.
Zeichne die passenden Baupläne dazu.

Addieren und subtrahieren bis 100

Addieren und subtrahieren von Einern ohne Zehnerübergang

1 Erklärt, wie die Kinder rechnen.

2 Wie rechnet ihr?

14 + 3 | 21 + 5 | 33 + 3 | 15 – 3 | 26 – 4 | 33 – 2

3

a)	b)	c)	d)
4 + 2	5 + 3	2 + 6	3 + 4
14 + 2	15 + 3	12 + 6	13 + 4
24 + 2	25 + 3	22 + 6	23 + 4

S. 32 Nr. 3
a) 4 + 2 =
14 + 2 =

4

a)	b)	c)	d)	e)
7 – 2	6 – 3	8 – 5	5 – 4	9 – 3
17 – 2	16 – 3	18 – 5	15 – 4	19 – 3
27 – 2	26 – 3	28 – 5	25 – 4	29 – 3

5 Notiere zuerst die kleine Aufgabe.

a)	b)	c)	d)
25 + 4	36 + 3	45 – 3	57 – 4
45 + 3	44 + 5	56 – 2	78 – 6
63 + 2	72 + 6	66 – 4	67 – 5

S. 32 Nr. 5
a) 5 + 4 =
25 + 4 =

6 Erfinde Rechengeschichten. 22 + 5 | 17 – 3

1 und 2 Verschiedene Lösungswege besprechen und nachvollziehen
6 Eigene Rechengeschichten schreiben, malen, kleben

Kleine Aufgabe
Große Aufgabe

RECHENSTRATEGIE

Nutze die kleine Aufgabe.

24 + 2 = 26
denn 4 + 2 = 6

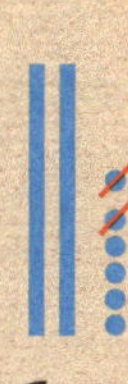

26 – 2 = 24
denn 6 – 2 = 4

7

a)	b)	c)	d)	e)
25 + 2	44 + 4	36 + 1	22 + 5	33 + 4
45 + 2	34 + 5	54 + 3	13 + 7	24 + 5
65 + 2	54 + 6	27 + 2	41 + 8	53 + 6

8

a)	b)	c)	d)	e)
26 – 3	37 – 2	23 – 1	25 – 3	37 – 6
36 – 3	17 – 3	56 – 2	38 – 5	49 – 5
46 – 3	57 – 4	85 – 3	46 – 4	58 – 6

9 Rechne und ordne zu. Finde zu jedem Umschlag weitere Aufgaben.

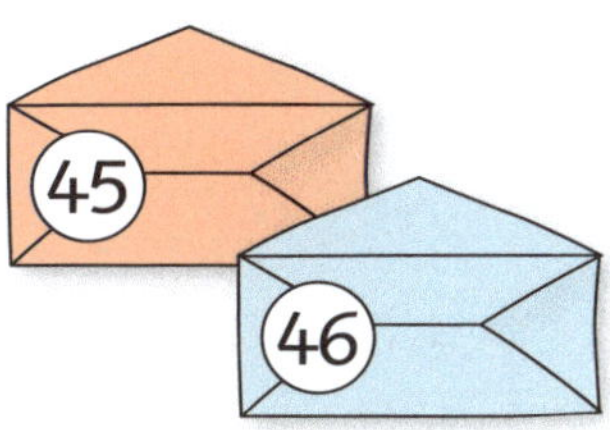

42 + 3	1 + 45	3 + 43	41 + 4
48 – 2	48 – 3	49 – 4	47 – 1

S. 33 Nr. 9
45
42 + 3

10 Rechne im Heft und setze fort.

a)	b)	c)	d)
4 + 2	3 + 6	8 – 3	
14 + 2	3 + 26		27 – 2
		28 – 3	47 – 2

S. 33 Nr. 10
a) 4 + 2 =
14 + 2 =
24 + 2 =
34 +

Addieren von Einern mit Zehnerübergang

1 Erklärt, wie die Kinder die Aufgabe lösen.

2 Zeichne die Zahlbilder.

a) 18 + 3
28 + 3
38 + 3

b) 17 + 5
27 + 5
37 + 5

c) 39 + 2
28 + 4
16 + 5

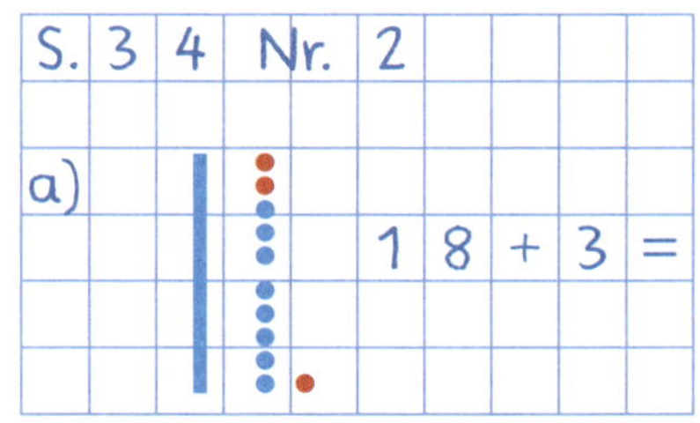

3 Löse mit dem Rechenstrich.

a) 17 + 4
27 + 4
37 + 4

b) 16 + 6
26 + 6
36 + 6

c) 28 + 3
49 + 4
35 + 8

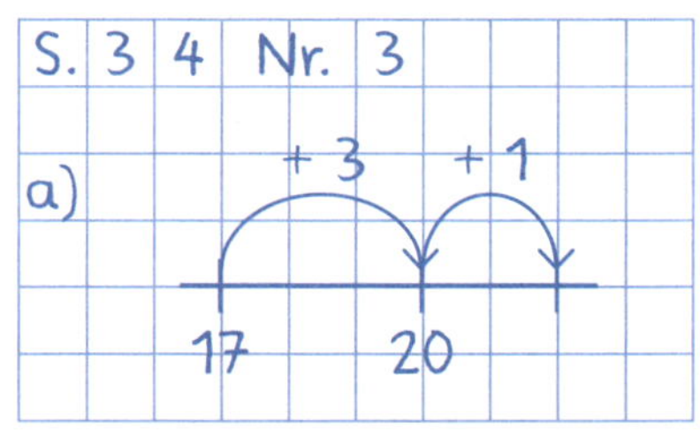

4 Notiere deine Rechenschritte.

a) 19 + 3
29 + 3
39 + 3

b) 18 + 5
28 + 5
38 + 5

c) 19 + 5
34 + 7
58 + 6

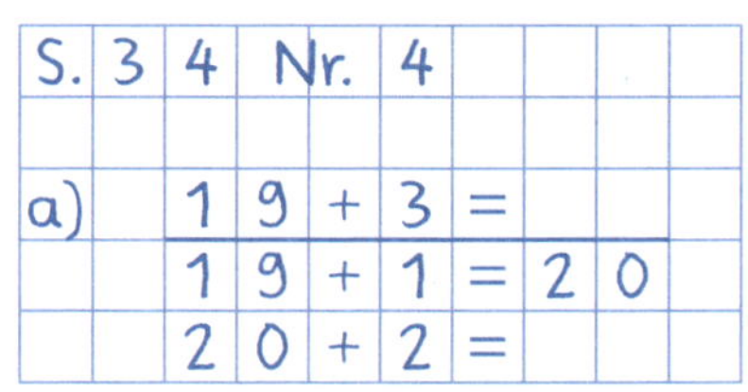

5 Wie rechnest du? Probiere verschiedene Wege.

a) 19 + 2
27 + 4
38 + 3
46 + 5

b) 48 + 4
39 + 3
57 + 5
69 + 6

c) 36 + 7
55 + 6
65 + 7
47 + 8

d) 75 + 8
56 + 6
44 + 9
87 + 8

1 Verschiedene Lösungswege besprechen und nachvollziehen
2 bis 4 Verschiedene Lösungswege ausprobieren
5 Bei geeigneten Aufgaben unterschiedliche Lösungswege probieren

Zum Zehner und dann weiter

RECHENSTRATEGIE

Rechne zuerst zum Zehner und dann weiter.

	38 + 5 = 43
denn	38 + 2 = 40
	40 + 3 = 43

	43 − 5 = 38
denn	43 − 3 = 40
	40 − 2 = 38

6

a)	b)	c)	d)	e)
29 + 2	17 + 4	35 + 6	47 + 6	55 + 8
38 + 3	28 + 3	27 + 7	56 + 7	67 + 9
46 + 5	49 + 5	68 + 5	78 + 8	84 + 7

7

a)	b)	c)
5 + 46	47 + 5	5 + 19
38 + 5	7 + 36	36 + 5
4 + 28	4 + 27	3 + 48

8

a)	b)	c)
46 + 9	18 + 9	44 + 8
23 + 9	34 + 9	27 + 8
57 + 9	45 + 9	36 + 8
65 + 9	76 + 9	55 + 8

9 Finde die Fehler. Schreibe die Aufgaben richtig ins Heft.

a)	b)	c)
37 + 5 = 42	29 + 4 = 33	45 + 6 = 51
55 + 7 = 60	56 + 6 = 62	28 + 7 = 25
19 + 3 = 21	38 + 8 = 48	37 + 6 = 43
48 + 5 = 53	43 + 9 = 52	64 + 7 = 69

7 und 8 Bei Bedarf mit Material arbeiten **9** Überlegen, welche Fehler gemacht wurden

Subtrahieren von Einern mit Zehnerübergang

1 Erklärt, wie die Kinder die Aufgabe lösen.

2 Zeichne die Zahlbilder.

a)	b)	c)
22 − 4	21 − 3	23 − 4
32 − 4	31 − 3	32 − 3
42 − 4	41 − 3	54 − 6

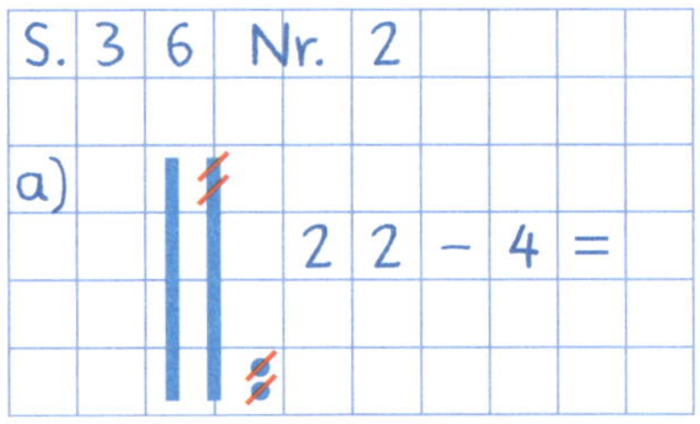

3 Löse mit dem Rechenstrich.

a)	b)	c)
21 − 4	24 − 6	22 − 5
31 − 4	34 − 6	52 − 4
41 − 4	44 − 6	35 − 7

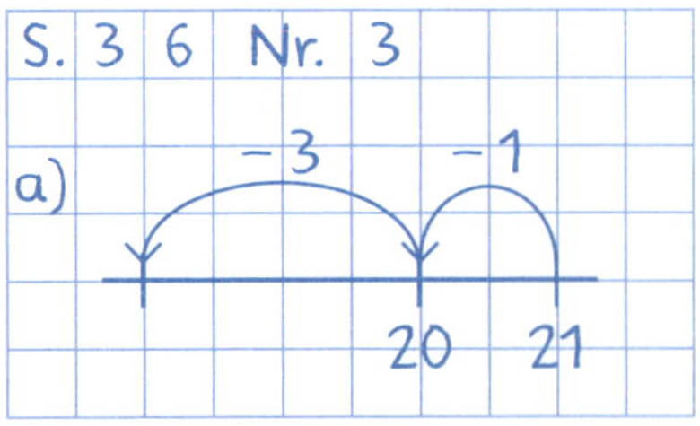

4 Notiere deine Rechenschritte.

a)	b)	c)
23 − 5	22 − 3	21 − 6
33 − 5	32 − 3	34 − 7
43 − 5	42 − 3	45 − 8

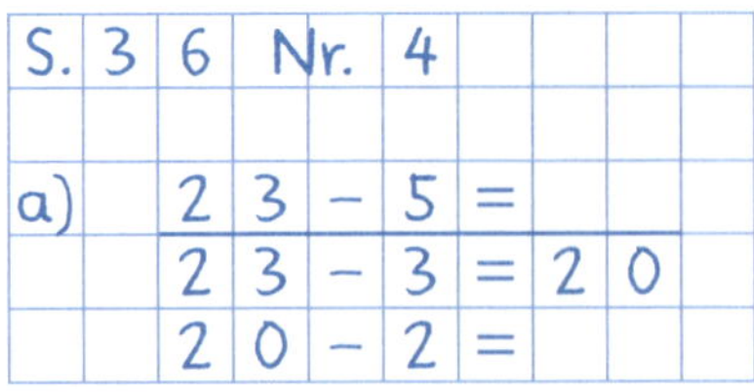

5 Wie rechnest du? Probiere verschiedene Wege.

a)	b)	c)	d)
11 − 2	22 − 5	35 − 6	42 − 5
22 − 3	51 − 4	52 − 6	65 − 8
43 − 4	64 − 6	64 − 7	74 − 9
54 − 5	71 − 3	86 − 8	93 − 7

1 Verschiedene Lösungswege besprechen und nachvollziehen
2 bis 4 Verschiedene Lösungswege ausprobieren
5 Bei geeigneten Aufgaben unterschiedliche Lösungswege probieren

Zum Zehner und dann weiter

RECHENSTRATEGIE

Rechne zuerst zum Zehner und dann weiter.

$38 + 5 = 43$
denn $38 + 2 = 40$
$40 + 3 = 43$

$43 - 5 = 38$
denn $43 - 3 = 40$
$40 - 2 = 38$

6

a)	b)	c)	d)	e)
23 – 4	22 – 4	31 – 3	33 – 5	34 – 8
32 – 3	41 – 5	45 – 6	41 – 9	55 – 7
44 – 6	53 – 6	64 – 7	53 – 8	63 – 9

7

TIPP
45 – 9 = 36,
denn
45 – 10 = 35

a)	b)	c)
45 – 9	32 – 9	36 – 8
21 – 9	26 – 9	44 – 8
34 – 9	43 – 9	57 – 8

8 Rechne zuerst die Aufgaben ohne Zehnerübergang.

a) 45 – 8, 60 – 7, 36 – 5, 52 – 6, 47 – 3, 57 – 7, 44 – 9

b) 63 – 8, 28 – 8, 74 – 7, 69 – 8, 25 – 9, 30 – 5, 51 – 6

9 Ordne zu. Bei manchen Aufgaben musst du nicht genau rechnen.

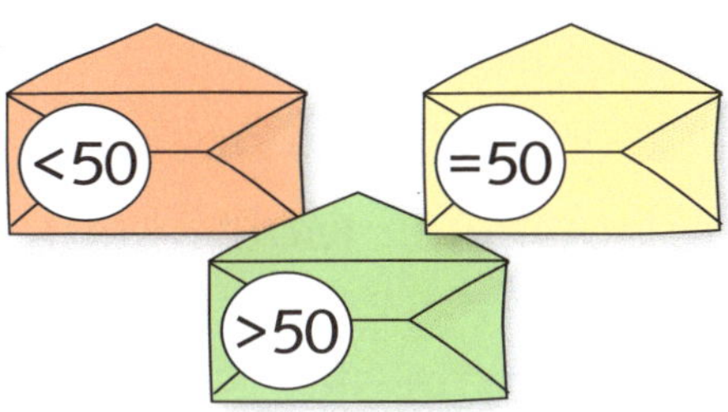

46 + 7	45 + 5	46 + 4	45 + 7
56 – 8	53 – 2	56 – 6	45 + 3
53 – 4	46 + 3	56 – 5	53 – 3

7 Beim Rechnen mit 9 die leichtere Aufgabe mit 10 nutzen; bei Bedarf mit Material arbeiten **8 und 9** Aufgaben mit/ohne Zehnerübergang erkennen, um dann möglichst geschickt zu rechnen

Arbeitsheft S. 19

Sachrechnen mit Geld

1 Welche Fragen könnt ihr beantworten? Löst die Aufgaben.

a) Wie viel kostet eine Mütze?

b) Wie viel kosten ein Schal und ein Teddy zusammen?

c) Was kauft Noa?

d) Wie teuer sind 3 Waffeln?

e) Reichen 10 Euro?

f) Wie viele Würstchen werden an einem Tag verkauft?

2 Welche Fragen passen? Beantworte sie.
Toni kauft:

a) Was kauft Toni?
b) Reicht das Geld?
c) Wie viel muss Toni bezahlen?
d) Wie viel Geld bekommt Toni zurück?

3 Welche Aufgaben kannst du lösen? Rechne im Heft.
Lisa hat 30 Euro. Sie kauft:

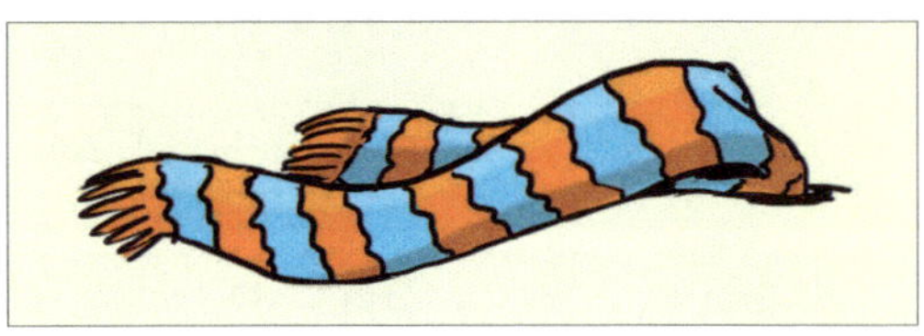

a) Reicht das Geld?
b) Was kostet Lisas Pulli?
c) Wie viel Geld hat Lisa noch?
d) Kann sie noch eine Mütze kaufen?

4 Stellt euch passende Fragen zum Bild und beantwortet sie.

Lösbare Fragen erkennen und beantworten; überlegen, wie man die anderen Fragen sinnvoll verändern kann

Wiederholung

1 Wie rechnest du?

a)	b)	c)	d)
35 + 3	28 + 3	38 − 5	21 − 3
54 + 4	47 + 5	56 − 3	32 − 5
62 + 5	54 + 7	64 − 4	54 − 8
73 + 6	83 + 9	78 − 7	87 − 9

: 18, 27, 31, 33, 38, 46, 52, 53, 58, 60, 61, 67, 71, 78, 79, 92

2 Rechne und ordne zu.

Finde zu jedem Umschlag weitere Aufgaben.

58 + 4	90 − 6	70 − 8	77 + 7	57 + 8
59 + 6	57 + 5	71 − 9	73 − 8	91 − 7

3 Welche Aufgaben sind noch schwer für dich?

Markiere im Heft. ☒

a)	b)	c)	d)
15 + 5	16 + 5	18 − 3	23 − 5
36 + 3	48 + 6	44 − 2	54 − 7
54 + 2	65 + 9	50 − 7	82 − 9

4 Welche Fragen passen? Beantworte sie.

Anita hat 20 Euro. Sie kauft:

a) Reicht das Geld?
b) Was kostet Anitas Tasche?
c) Wie viel Geld muss Anita bezahlen?
d) Wie viel Geld bekommt Anita zurück?

L Notiere 5 Plusaufgaben und 5 Minusaufgaben mit Zehnerübergang, die du schon sicher rechnen kannst.

Die Seite selbstständig bearbeiten, anschließend über Rechenwege reflektieren
3 Begründen, warum Aufgaben noch schwer sind 4 Die drei passenden Fragen beantworten L Erklären, woran man einen Zehnerübergang erkennen kann

Längen

Längen vergleichen und ordnen

1 a) Erzählt und spielt nach.

b) Wählt 6 Gegenstände aus eurem Klassenraum aus. Vergleicht sie nach der Länge und ordnet sie.

c) Wählt 4 Gegenstände aus. Vergleicht und ordnet sie nach ihrer Höhe.

2 Vergleiche die Gegenstände aus deinem Mäppchen nach ihrer Länge. Ordne sie und beginne mit dem kürzesten Gegenstand.

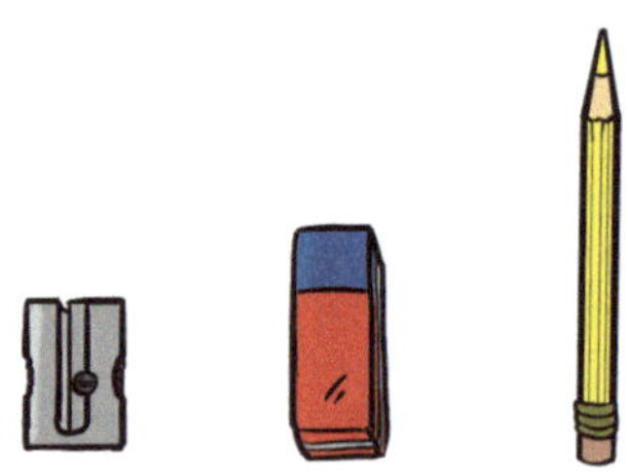

3 Suche im Klassenraum Gegenstände, die ...

a) ... kürzer sind als dein Bleistift,

b) ... länger sind als dein Bleistift,

c) ... ungefähr genauso lang sind wie dein Bleistift.

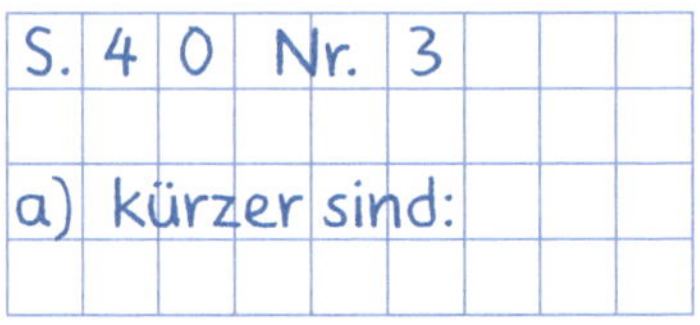

Direkter Vergleich von Gegenständen nach ihrer Länge durch Aneinanderhalten; Gegenstände sortieren und thematisieren, dass es um Längen geht; besprechen, dass auch Breite, Höhe, Dicke zu Längen gehören

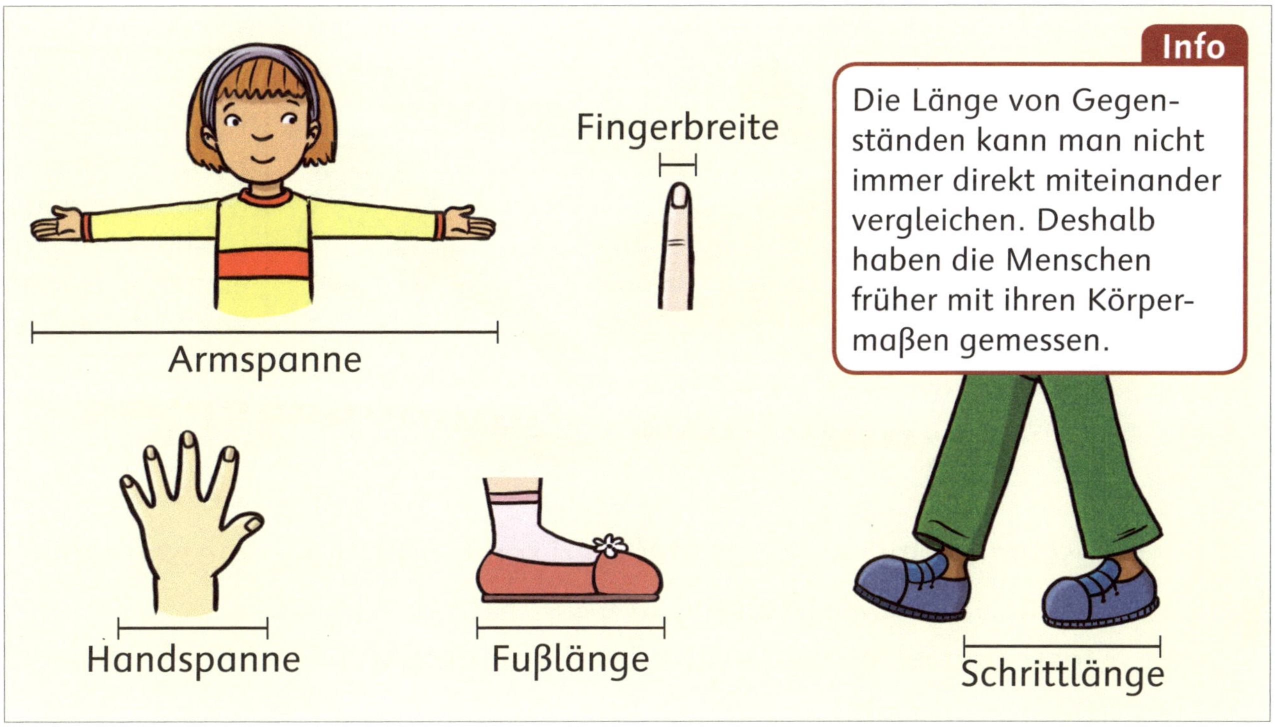

Info

Die Länge von Gegenständen kann man nicht immer direkt miteinander vergleichen. Deshalb haben die Menschen früher mit ihren Körpermaßen gemessen.

4 Betrachtet die Längenmaße. Beschreibt sie und zeigt sie an eurem Körper.

5 Vergleicht eure Körpermaße miteinander.

a) Wer hat die längste Armspanne?

b) Wer hat die kürzeste Handspanne?

c) Wer kommt am weitesten mit 20 Fußlängen?

6 a) Schätzt die Längen mit geeigneten Körpermaßen.

A Länge des Mathematikbuchs

B Breite der Tafel

C Höhe der Tür

D Länge des Klassenraums

E Höhe einer Schultasche

F Länge eines Schülertischs

S. 41 Nr. 6

	geschätzt	gemessen
A		

b) Messt nach.

c) Vergleicht eure Ergebnisse.

7 Vergleicht: Wer kommt am weitesten mit 10 Schrittlängen?

4 bis 6 Indirekter Vergleich von Gegenständen nach ihrer Länge mit Körpermaßen; Körpermaße und Messergebnisse vergleichen; über die Entwicklung von Maßen in der Historie sprechen; besprechen, dass auch Breite und Höhe zu Längen gehören

Arbeitsheft S. 22

Meter und Zentimeter

Info
Das Messen mit den Körpermaßen, zum Beispiel Armspannen, ist sehr ungenau. Deshalb hat man einheitliche Maße wie Meter eingeführt.

1 a) Beschreibt, mit welchen Messgeräten man Längen messen kann.
b) Gestaltet eine Ausstellung in eurer Klasse.
c) Messt und sucht Gegenstände, die ungefähr 10 cm, 50 cm oder 100 cm lang sind.
d) Messt eure Körpermaße und vergleicht sie.

2 a) Schneidet eine Schnur von einem Meter Länge ab.
b) Sucht im Klassenraum Gegenstände, die länger, kürzer oder genau 1 m lang sind. Legt eine Tabelle an.

S. 42 Nr. 2 b)

kürzer als 1 m	1 m	länger als 1 m

3 Halbiere eine Schnur von einem Meter Länge. Suche Gegenstände, die einen halben Meter lang sind. Wie viele Zentimeter sind das?

4 a) Schätzt die Längen.

A Länge des Mathematikbuchs
B Breite der Tafel
C Höhe der Tür
D Länge des Klassenraums
E Höhe einer Schultasche
F Länge eines Schülertischs

b) Wählt aus, was ihr zum Messen verwenden wollt. Messt die Längen.

5 Gestaltet Plakate. Malt oder schreibt auf, welche Dinge etwa 10 cm, 50 cm oder 1 m lang, breit oder hoch sind.

1 bis 3 Messgeräte kennenlernen; Maßeinheiten Meter und Zentimeter verwenden
4 Schätzen und Messen der Beispiele auf der Vorseite mit Messgeräten
5 Gewinnung von Festmaßen zur Vorstellungsentwicklung

6 Schätze die Länge der Strecken. Miss dann mit einem Lineal.

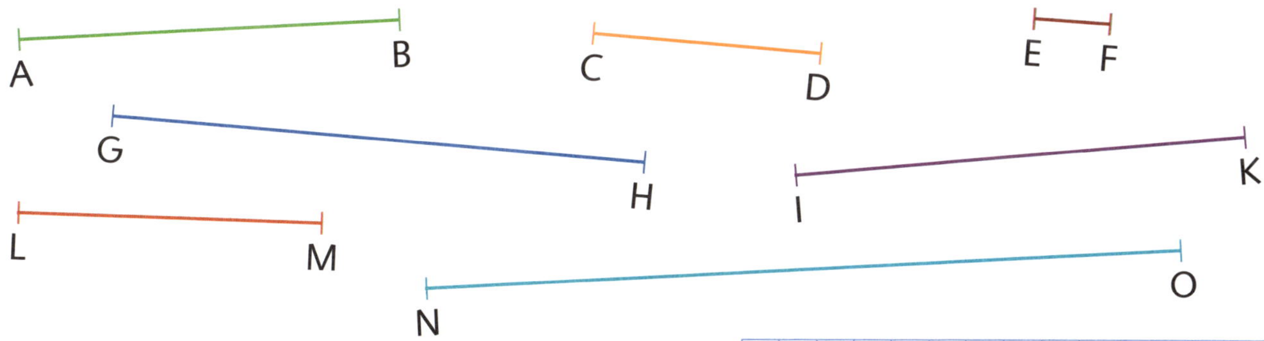

S. 43 Nr. 6		
Strecke	geschätzt	gemessen
$\overline{AB}$	cm	cm
$\overline{CD}$	cm	cm

! Diese Strecke ist einen Zentimeter lang. Ein Meter sind 100 Zentimeter.

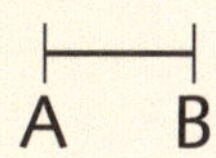

$\overline{AB}$ = 1 cm
1 m = 100 cm

7 Zeichne auf einem Blatt Papier Strecken mit folgenden Längen:

a) $\overline{AB}$ = 1 cm b) $\overline{CD}$ = 5 cm c) $\overline{EF}$ = 10 cm

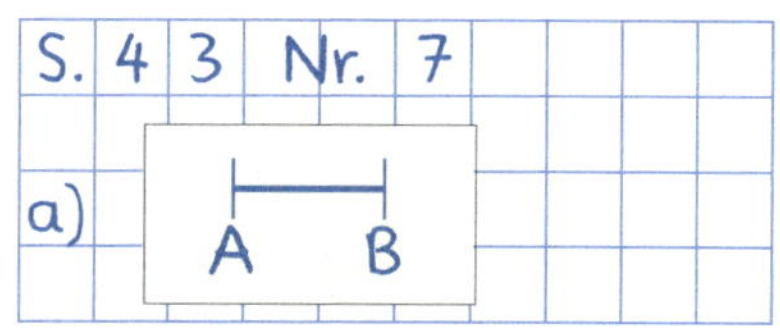

8 Markiert auf dem Schulhof oder im Flur Strecken mit folgenden Längen:

a) $\overline{AB}$ = 1 m b) $\overline{CD}$ = 5 m c) $\overline{EF}$ = 10 m d) $\overline{GH}$ = 15 m e) $\overline{IK}$ = 20 m

9 Ergänze zu einem Meter.

a) 40 cm + ☐ cm
80 cm + ☐ cm
60 cm + ☐ cm

b) 25 cm + ☐ cm
65 cm + ☐ cm
15 cm + ☐ cm

10 Immer ein Meter. Welche Stücke fehlen?

40 cm + 20 cm + ☐ cm
50 cm + 15 cm + ☐ cm
35 cm + 12 cm + ☐ cm

S. 43 Nr. 10

Immer 1 m:

40 cm + 20 cm +

6 Zuerst schätzen, Ergebnisse in eine Tabelle eintragen, dann genau messen und ablesen; Abweichungen zum Schätzwert besprechen: Was sind gute Schätzergebnisse?
7 und 8 Strecken genau messen und zeichnen, im Heft die Strecken schräg zeichnen

Arbeitsheft S. 23

Wiederholung

1. Wähle aus deiner Schultasche 6 Dinge aus. Vergleiche und ordne sie nach ihrer Länge. Beginne mit dem kürzesten Gegenstand.

2. Wie lang ist es ungefähr? Ordne zu.

A Fingerbreite B 2 Schrittlängen

C Fußlänge D Handspanne

10 cm 20 cm 1 m 1 cm

3. Suche Gegenstände und lege eine Tabelle an.

a) Was ist kürzer als 1 m?
b) Was ist ungefähr 1 m lang?
c) Was ist länger als 1 m?

S. 44 Nr. 3

kürzer als 1 m	1 m	länger als 1 m

4. a) Schätze die Länge der Strecken.
b) Miss dann mit einem Lineal.

S. 44 Nr. 4

Strecke	geschätzt	gemessen
$\overline{AB}$	cm	cm
$\overline{CD}$	cm	cm

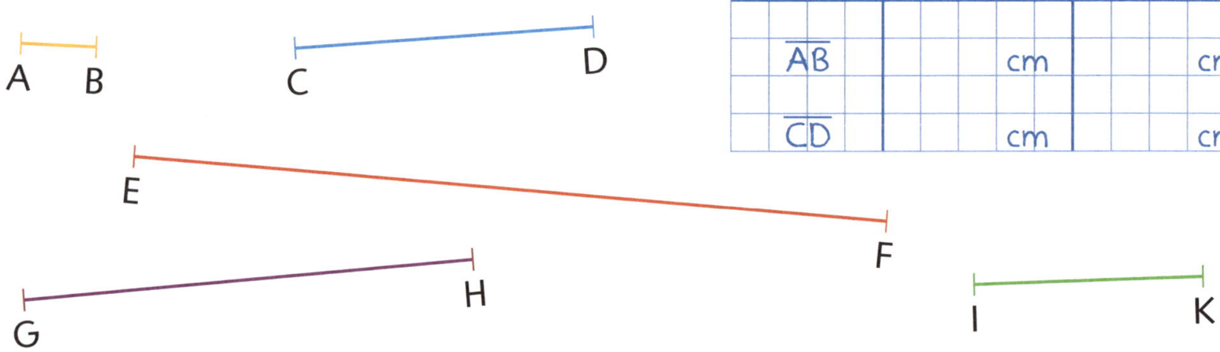

5. Zeichne die Strecken.

a) $\overline{LM}$ = 1 cm b) $\overline{OP}$ = 5 cm c) $\overline{RS}$ = 8 cm d) $\overline{TU}$ = 10 cm

6. Ergänze zu einem Meter.

a) 50 cm + ☐ cm b) 85 cm + ☐ cm c) 27 cm + ☐ cm

L Schreibe je einen Gegenstand auf, der ungefähr folgende Länge hat: 1 cm, 10 cm, 1 m.

Die Seite selbstständig bearbeiten, anschließend über Schätz- und Messergebnisse reflektieren L Über zum Einprägen ihrer Länge geeignete Gegenstände sprechen

Projekt: Das sind wir

(1) Vergleiche die Größe der Kinder.

Lara	Nino	Toni	Nina	Ali	Sulola
1 m 28 cm	1 m 31 cm	1 m 35 cm	1 m 30 cm	1 m 25 cm	1 m 34 cm

a) Wer ist am größten?
b) Wer ist am kleinsten?
c) Wer ist 6 cm kleiner als Sulola?
d) Wer ist 6 cm größer als Ali?
e) Wer ist größer als Lara, aber kleiner als Nino?
f) Schreibe die Kinder der Größe nach auf.
Beginne mit dem kleinsten Kind.

(2) a) Wie groß sind die Kinder in eurer Klasse? Messt eure Körpergröße.
b) Legt eine Tabelle an und führt eine Strichliste.
Vergleicht die Größen. Was stellt ihr fest?

Körpergröße	unsere Klasse
bis 1 m 9 cm	
1 m 10 cm bis 1 m 19 cm	
1 m 20 cm bis 1 m 29 cm	
1 m 30 cm bis 1 m 39 cm	
über 1 m 39 cm	

(3) Fertigt einen Größenpass an. Bestimmt weitere Maße und vergleicht sie mit denen anderer Kinder.

Name: ______________________

Körpergröße:		Armlänge:	
längster Finger:		kürzester Finger:	
Fußlänge:		Handlänge:	

1 Gemischte Größenangaben thematisieren 2 Körpergrößen in m und cm angeben, in eine Tabelle einordnen (Strichliste) – die Tabelle sollte an der Tafel oder auf einem großen Blatt vorbereitet sein 3 Kopiervorlage mit vorbereitetem Größenpass nutzen

Addieren und subtrahieren bis 100

Stationen: Einfaches Addieren und Subtrahieren

1. Station:
Rechnen mit Zehnern

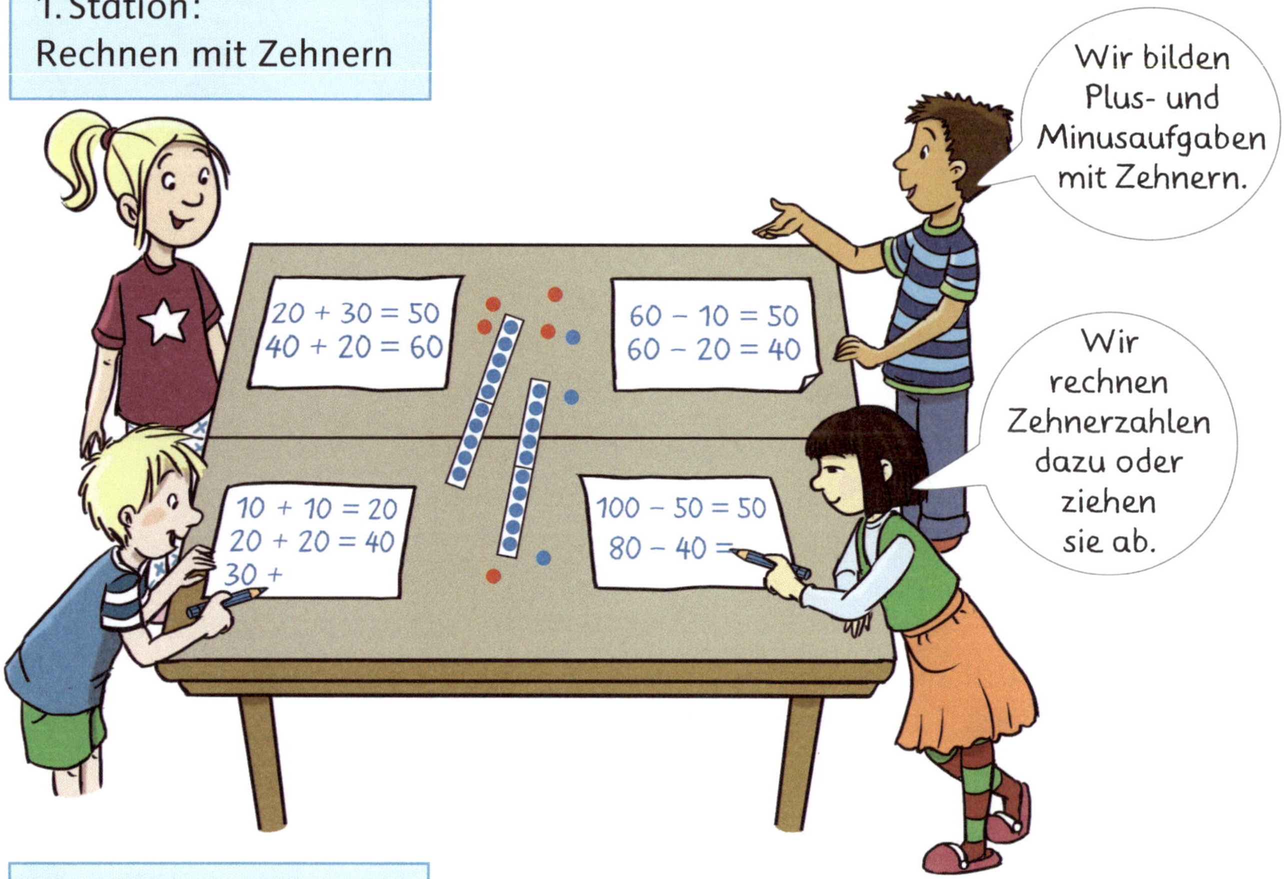

2. Station:
Rund um die Zehner

Stationen im Klassenraum aufbauen; Begriffe „addieren“, „subtrahieren“, „Plus- und Minusaufgaben“ thematisieren **1. Station**: Aufgaben mit der Struktur ZE +/− Z bilden und rechnen **2. Station**: Zahlen zeigen, Nachbarzehner nennen, zu den Nachbarzehnern rechnen

3. Station:
Plus- und Minusaufgaben mit Einern

4. Station:
Rechnen zu Zehnern

- Ein Kind nennt eine Startzahl zwischen 20 und 100 und würfelt mit drei Würfeln.
- Die anderen Kinder rechnen die gewürfelten Augenzahlen dazu oder ziehen sie ab.
- Wer einer Zehnerzahl am nächsten kommt oder sie genau trifft erhält einen Punkt.

3. Station: Zettelboxen vorbereiten; Box 1: Zahlenkarten von 10 bis 100; Box 2: Zahlenkarten von 0 bis 9; mit gezogenen Karten je eine Plus- und Minusaufgabe bilden
4. Station: Auf zielgerichtetes Anwenden von Addition und Subtraktion hinweisen

Addieren von zweistelligen Zahlen ohne Zehnerübergang

1 Erklärt, wie die Kinder die Aufgabe lösen.

2 Beschreibt, wie ihr die Aufgaben löst.

Ich lege zuerst. | Ich zeichne Zahlbilder. | Ich nutze den Rechenstrich.

a)	b)	c)	d)
24 + 10	32 + 20	51 + 20	11 + 11
24 + 11	32 + 30	51 + 22	22 + 22
24 + 12	32 + 40	51 + 24	33 + 33

3

a)	b)	c)
11 + 28	12 + 17	46 + 23
24 + 43	36 + 21	54 + 14
37 + 42	43 + 26	17 + 62
24 + 13	25 + 33	64 + 36

4 Die Kinder haben weitere Rechenwege gefunden. Probiere und erkläre.

a)	b)
34 + 12	43 + 32
42 + 14	22 + 46
35 + 21	34 + 45
44 + 22	44 + 33

1 Lösungswege mit Legematerial und Zahlbildern nachvollziehen; Rechenschritte notieren
2 und 3 Aufgaben bei Bedarf mithilfe von Legematerial und Zahlbildern lösen
4 Andere Lösungswege entdecken und anwenden

Subtrahieren von zweistelligen Zahlen ohne Zehnerübergang

1 Erklärt, wie die Kinder die Aufgabe lösen.

2 Beschreibt, wie ihr die Aufgaben löst.

Ich lege zuerst. Ich zeichne Zahlbilder.

Ich nutze den Rechenstrich.

a)	b)	c)	d)
58 – 20	35 – 11	26 – 12	22 – 11
58 – 30	35 – 12	26 – 13	44 – 22
58 – 40	35 – 13	26 – 14	66 – 33

3

a)	b)	c)	d)	e)
24 – 11	68 – 50	37 – 16	48 – 26	76 – 43
36 – 22	45 – 34	79 – 35	64 – 32	83 – 61
44 – 24	67 – 52	65 – 30	77 – 45	89 – 69
63 – 32	83 – 41	69 – 48	96 – 50	98 – 71

4 Die Kinder haben weitere Rechenwege gefunden. Probiere und erkläre.

a)	b)
45 – 23	27 – 25
36 – 12	46 – 43
55 – 44	58 – 56
68 – 45	79 – 75

1 Lösungswege mit Legematerial und Zahlbildern nachvollziehen; Rechenschritte notieren
2 Aufgaben individuell mit Legematerial oder Zahlbildern lösen 4 Andere Lösungswege entdecken und erklären; weitere Aufgaben zum Ergänzen bilden und lösen

Addieren von zweistelligen Zahlen mit Zehnerübergang

1 Erklärt, wie die Kinder die Aufgabe lösen.

2 Beschreibt, wie ihr die Aufgaben löst.

Ich lege zuerst.

Ich zeichne Zahlbilder.

Ich nutze den Rechenstrich.

a)	b)	c)	d)
19 + 12	38 + 13	17 + 14	46 + 15
29 + 12	38 + 23	27 + 24	36 + 25
39 + 12	38 + 33	37 + 34	26 + 35
49 + 12	38 + 43	47 + 44	16 + 45

3 Schreibe zu jedem Rechenstrich die Aufgabe und löse sie.

a)

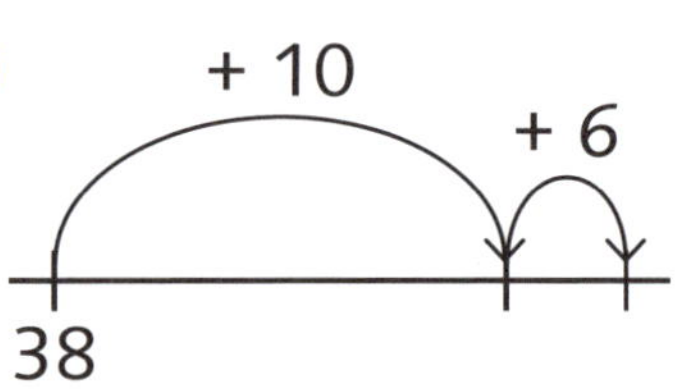

b)

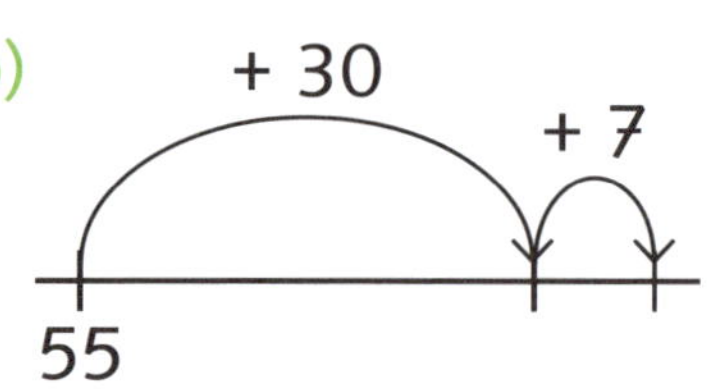

c)

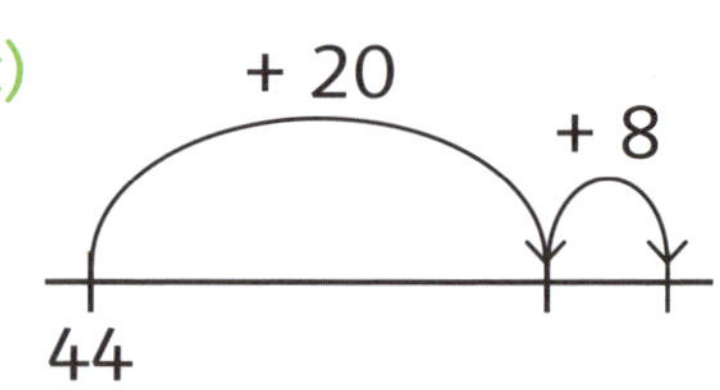

4 Rechne geschickt. Die Tauschaufgabe kann dir helfen.

a)	b)	c)	d)	e)
14 + 17	37 + 25	39 + 22	36 + 36	67 + 16
18 + 35	28 + 28	48 + 34	24 + 59	44 + 38
16 + 45	15 + 36	57 + 15	35 + 65	51 + 49

1 Lösungswege mit Legematerial und Zahlbildern nachvollziehen; Rechenschritte notieren **2** Aufgaben bei Bedarf mithilfe von Legematerial und Zahlbildern lösen **3** Am Rechenstrich die Rechenschritte erkennen und die zugehörige Aufgabe bilden und rechnen

Zuerst die Zehner dazu, dann die Einer dazu.

$38 + 24 = 62$

denn $38 + 20 = 58$

$58 + 4 = 62$

Zuerst die Zehner weg, dann die Einer weg.

$62 - 24 = 38$

denn $62 - 20 = 42$

$42 - 4 = 38$

5

a)	b)	c)	d)	e)
18 + 13	19 + 12	38 + 13	48 + 24	55 + 37
18 + 23	38 + 33	49 + 22	38 + 35	76 + 18
18 + 33	48 + 13	59 + 33	67 + 15	44 + 17
18 + 43	29 + 22	68 + 14	48 + 26	53 + 38

6 a)

+	25	46	58
25	■	■	■
36	■	■	■
■	63	■	■

b)

+	32	■	47
28	■	72	■
37	■	■	■
49	■	■	■

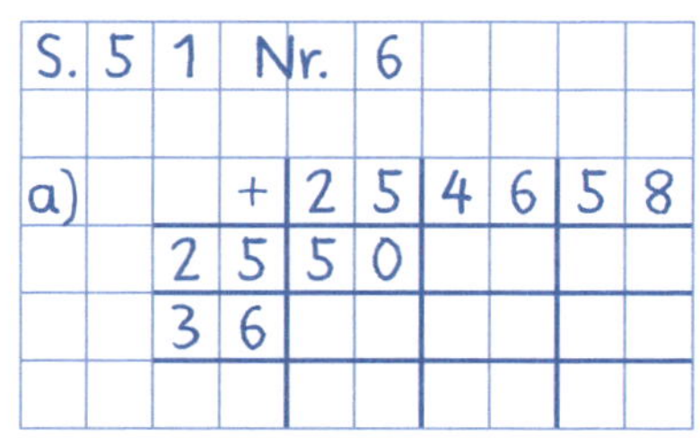

7 Die Kinder haben weitere Rechenwege gefunden. Probiere und erkläre.

a)	b)
45 + 45	17 + 55
36 + 16	46 + 45
48 + 27	38 + 48
57 + 36	57 + 37

Strategiekarte „Zuerst die Zehner, dann die Einer" einführen **5 und 6** Eingeführte Rechenstrategie üben und sichern **7** Weitere Lösungswege erkennen, anwenden und sich über möglicherweise favorisierte Verfahren austauschen

Subtrahieren von zweistelligen Zahlen mit Zehnerübergang

1 Erklärt, wie die Kinder die Aufgabe lösen.

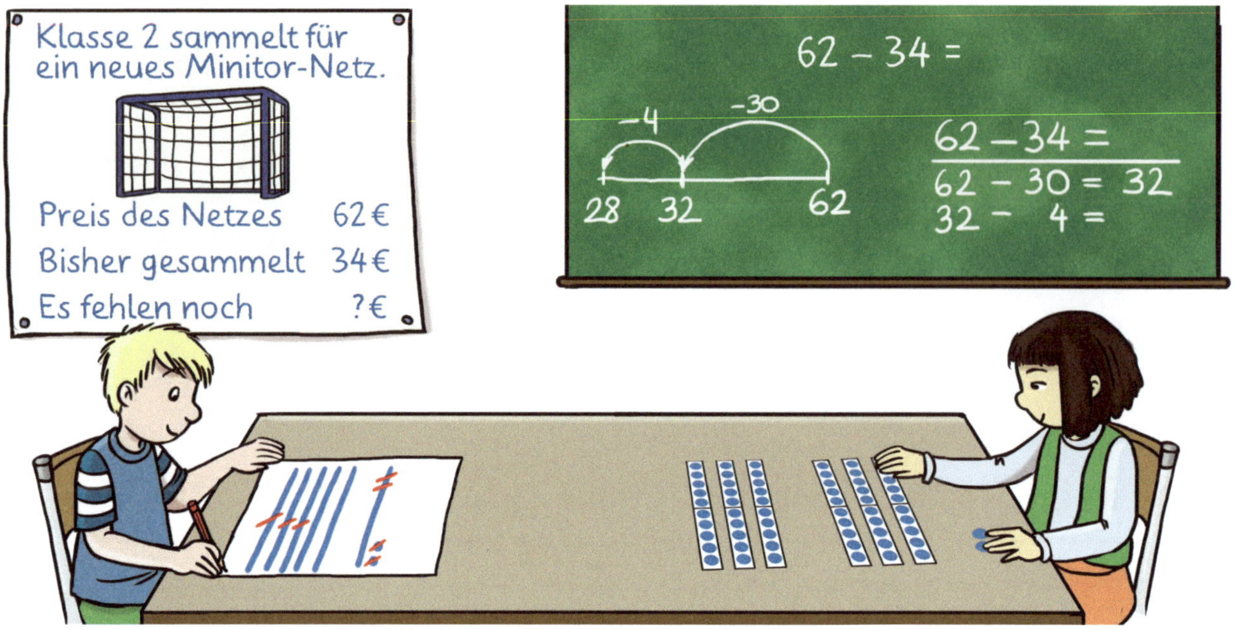

2 Beschreibt, wie ihr die Aufgaben löst.

Ich lege zuerst.

Ich zeichne Zahlbilder.

Ich nutze den Rechenstrich.

a)	b)	c)	d)
31 – 12	62 – 23	34 – 15	43 – 14
41 – 12	62 – 33	44 – 25	53 – 24
51 – 12	62 – 43	54 – 35	63 – 34
61 – 12	62 – 53	64 – 45	73 – 44

3 Schreibe zu jedem Rechenstrich die Aufgabe und löse sie.

a)

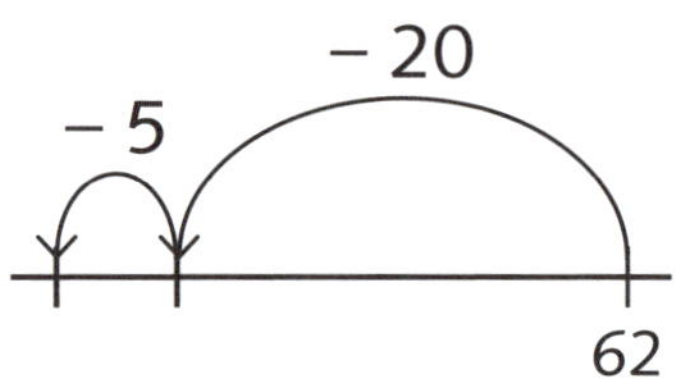

b)

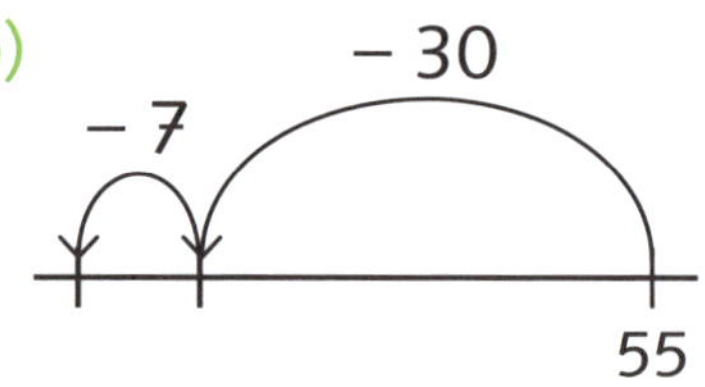

c)

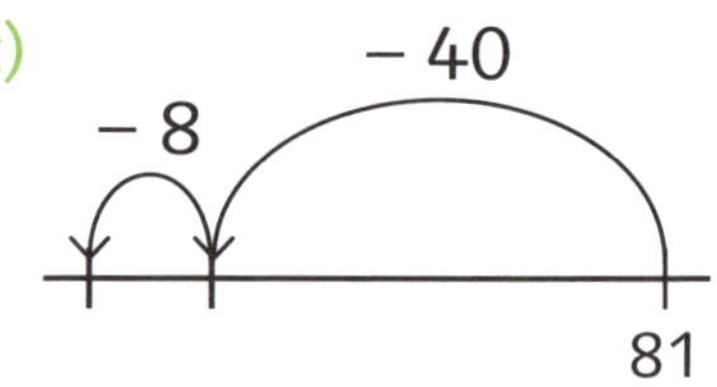

4 Welche Aufgaben sind leicht für dich? Markiere im Heft. ☒

a)	b)	c)	d)
21 – 12	30 – 11	53 – 34	71 – 33
32 – 14	43 – 25	61 – 45	93 – 26
44 – 14	51 – 14	82 – 56	81 – 37

1 Lösungswege mit Legematerial und Zahlbildern nachvollziehen; Rechenschritte notieren
2 Aufgaben bei Bedarf mithilfe von Legematerial und Zahlbildern lösen **4** Mithilfe der Aufgabenpäckchen sind typische Rechenschwierigkeiten leichter festzustellen

Zuerst die Zehner, dann die Einer

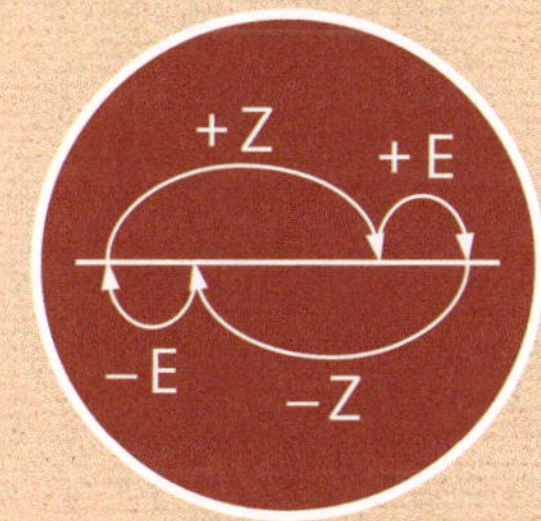

RECHENSTRATEGIE

Zuerst die Zehner dazu, dann die Einer dazu.

38 + 24 = 62

denn 38 + 20 = 58

58 + 4 = 62

Zuerst die Zehner weg, dann die Einer weg.

62 − 24 = 38

denn 62 − 20 = 42

42 − 4 = 38

5

a)	b)	c)	d)	e)
31 − 12	44 − 15	53 − 28	63 − 35	58 − 39
42 − 13	54 − 25	64 − 46	56 − 48	66 − 48
53 − 14	64 − 35	56 − 37	64 − 37	84 − 58
64 − 15	74 − 45	62 − 45	73 − 56	91 − 74

6 Ordne zu. Finde jeweils noch weitere passende Aufgaben.

9   25   47

23 − 14	51 −26	63 − 16	61 − 36	58 − 49	S. 53 Nr. 6 — 9 — 23 − 14
73 − 48	83 − 58	70 −23	83 − 74	100 − 53	▢ − ▢

7 Die Kinder haben weitere Rechenwege gefunden. Probiere und erkläre.

a)	b)
63 − 17	21 − 19
52 − 39	41 − 38
86 − 67	64 − 59
51 − 36	85 − 78

Übungen zum Addieren und Subtrahieren

1

a)	b)	c)	d)	e)
25 + 20	38 + 36	54 − 26	60 − 38	79 − 0
35 + 15	29 + 54	65 − 17	64 − 52	86 − 77
45 + 25	78 + 22	43 − 28	47 − 45	95 − 76

2, 9, 12, 15, 19, 22, 28, 45, 48, 50, 70, 74, 79, 83, 100

2

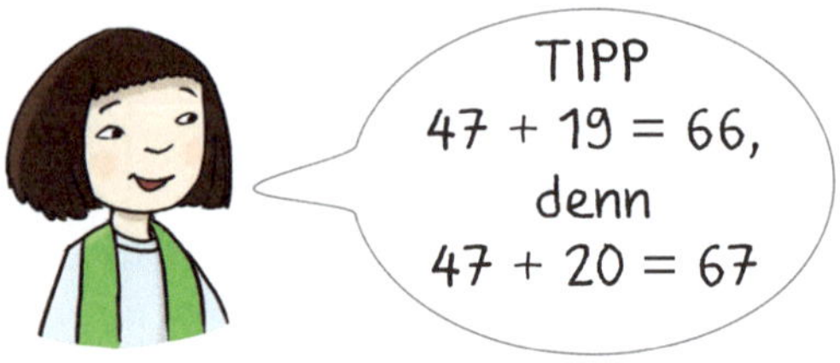

a)	b)	c)
47 + 19	29 + 47	33 + 18
25 + 39	62 + 19	58 + 25
54 + 29	34 + 48	27 + 28

3

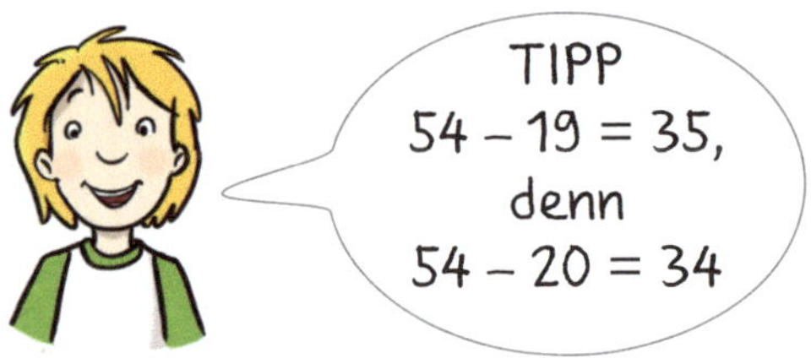

a)	b)	c)
54 − 19	67 − 39	85 − 9
63 − 29	75 − 29	92 − 59
45 − 19	88 − 49	56 − 28

!

4

a)	b)	c)	d)	e)
43 − 30	31 − 22	61 − 59	70 − 65	85 − 76
44 − 24	43 − 24	69 − 17	72 − 68	98 − 67
52 − 19	55 − 47	75 − 37	93 − 87	100 − 54

5 Bilde Plusaufgaben und Minusaufgaben. Das Ergebnis soll …

28 54 82 12 42 65 16

a) … kleiner als 30 sein,
b) … zwischen 50 und 60 liegen,
c) … genau 70 sein.

2 und 3 Beim Addieren und Subtrahieren von Zahlen mit der Einerstelle 9 das Rechnen mit dem nächstgrößeren Zehner als Rechenvorteil nutzen; bei Bedarf mit Material arbeiten
5 Begriffe „addieren“, „subtrahieren“, „Plus- und Minusaufgaben“ thematisieren

6 Rechne und ergänze die fehlenden Zahlen. Setze jedes Päckchen fort. Erkläre.

a)	b)	c)	d)	e)
45 + 5	13 + 18	55 – 40	49 + 40	65 – 37
45 + 10	23 + 28	65 – 50	54 + 35	60 – 32
45 + 15	▢ + 38	75 – ▢	59 + 30	▢ – 27
▢ + ▢	43 + ▢	▢ – ▢	▢ + ▢	50 – ▢

7 Rechne zuerst die Aufgaben ohne Zehnerübergang.

43 + 15	51 – 26	24 + 46	63 – 44
36 + 48	54 + 25	72 – 53	85 – 49

8 Finde die Fehler. Schreibe die Aufgaben richtig ins Heft.

a)	b)	c)
13 + 12 = 25	62 – 35 = 27	90 – 61 = 30
34 + 27 = 61	42 – 16 = 26	63 – 26 = 37
37 + 22 = 59	90 – 25 = 75	74 – 29 = 43
52 + 6 = 31	99 – 77 = 22	96 – 92 = 5

9 Bilde die Aufgabenfamilien und rechne im Heft.

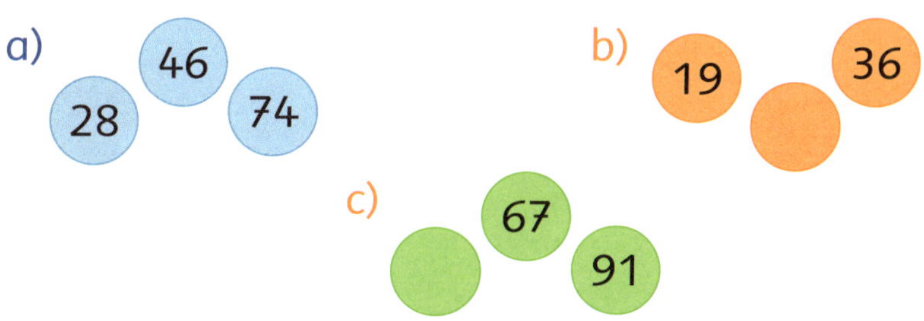

S.	5	5	Nr.		9			
a)	2	8	+	4	6	=		
	4	6	+	2	8	=		
	7	4	–			=		
	7	4	–			=		

10 Übertrage ins Heft und setze die Zeichen <, > oder = ein.

a)	b)	c)
23 + 12 ◯ 35	22 – 14 ◯ 26	36 + 13 ◯ 75 – 28
43 + 38 ◯ 45 + 40	57 – 29 ◯ 77 – 60	49 + 25 ◯ 100 – 76
65 + 27 ◯ 77 + 14	84 – 55 ◯ 74 – 45	18 + 57 ◯ 93 – 27

Sachrechnen: Rechnungen Aufgaben zuordnen

1. Welche Rechnung gehört zu welchem Kind?
Welche Bücher kaufen die Kinder?

Verena
Ich kaufe 2 Bücher. Wie viel kosten sie zusammen?

Sulola
Ich habe 15 € und kaufe ein Buch für 8 €. Wie viel € habe ich noch?

Andi
Mein Buch bezahlte ich mit einem 20-€-Schein. 12 € habe ich zurückbekommen.

Nino
Ich kaufe 4 Bücher. Sie kosten zusammen nur 15 €.

Ina
Für unsere Klassenbücherei kaufen wir die beiden teuersten Bücher. Wie viel kosten sie zusammen?

Noa
Ich habe 15 €. Für mein Lieblingsbuch fehlen mir 12 €.

- 27 € + 19 € = 46 €
- 15 € − 8 € =
- 20 € − 12 € = 8 €
- 3 € + 3 € + 3 € + 6 € = 15 €
- 8 € + 19 € = 27 €
- 15 € + 12 € = 27 €

2. a) Verenas großer Bruder möchte die drei Bücher „Fußball", „Weltraum" und „Wildtiere in Afrika" kaufen. Reichen ihm 60 €? Überschlage zuerst, rechne dann genau.
b) Sind mehr als 100 € in der Kasse, wenn alle Bücher verkauft wurden? Überschlage zuerst, rechne dann genau.

3. Bildet eigene Aufgaben. Stellt sie euch gegenseitig.

1 Rechnungen den Sachaufgaben zuordnen; bei Bedarf mit Rechengeld arbeiten **2** Begriff „Überschlagen" beim Rechnen und Vorgehensweise klären **3** Auch durch Skizzen gestützte Aufgaben sind möglich

Wiederholung

1 a) 15 + 4 | b) 21 + 15 | c) 51 + 26 | d) 64 + 23 | e) 72 + 14

a)	b)	c)	d)	e)
15 + 4	21 + 15	51 + 26	64 + 23	72 + 14
24 + 6	42 + 37	57 + 32	31 + 67	70 + 22
32 + 8	53 + 46	45 + 43	69 + 31	83 + 14

: 19, 30, 36, 40, 77, 79, 86, 87, 88, 89, 92, 97, 98, 99, 100

2

a)	b)	c)	d)	e)
24 − 20	38 − 36	57 − 34	68 − 35	85 − 82
35 − 15	44 − 22	60 − 28	72 − 60	97 − 66
46 − 25	45 − 31	53 − 42	74 − 61	99 − 45

: 2, 3, 4, 11, 12, 13, 14, 20, 21, 22, 23, 31, 32, 33, 54

3

a)	b)	c)	d)	e)
18 + 13	35 + 46	36 − 17	54 − 19	62 − 59
29 + 22	44 + 27	52 − 34	65 − 37	90 − 63
38 + 24	35 + 58	56 − 49	68 − 29	82 − 78

: 3, 4, 7, 18, 19, 27, 28, 31, 35, 39, 51, 62, 71, 81, 93

4 a)

+	20	53	37
28			
35			
47			

b)

−	25	34	47
53			
64			
80			

c)

+			
29	37		
47		60	
65			100

5 Welche Aufgaben sind noch schwer für dich? Markiere im Heft. ☒

a)	b)	c)	d)
25 + 15	38 + 14	46 − 25	42 − 13
32 + 33	54 + 39	60 − 34	53 − 35
44 + 35	24 + 47	67 − 44	94 − 68

6 Übertrage ins Heft und setze die Zeichen <, > oder = ein.

a)	b)	c)
38 + 26 ◯ 65	72 − 26 ◯ 45	46 − 28 ◯ 45 − 28
47 + 15 ◯ 62	56 − 27 ◯ 30	37 + 25 ◯ 62 − 25
56 + 35 ◯ 90	44 − 18 ◯ 26	72 − 34 ◯ 74 − 32

L Schreibe jeweils 3 einfache Plus- und Minusaufgaben und 3 schwierige Plus- und Minusaufgaben ins Lerntagebuch.

Projekt: Adam Ries

Info

Früher konnten nur wenige Leute rechnen.
Oft übernahmen Rechenmeister das Rechnen.
Adam Ries (1492–1559) war ein bekannter Rechenmeister.
Er gründete in Annaberg (Sachsen) eine Rechenschule.
Adam Ries wollte, dass die Leute das Rechnen selbst erlernen. Zum „Rechnen auf Linien" verwendete er ein Rechenbrett. Darauf wurden Zahlen mit Rechenpfennigen gelegt.

1. Schaut euch die Lage der Rechenpfennige an.
Erklärt, wie Zahlen auf dem Rechenbrett gelegt werden.

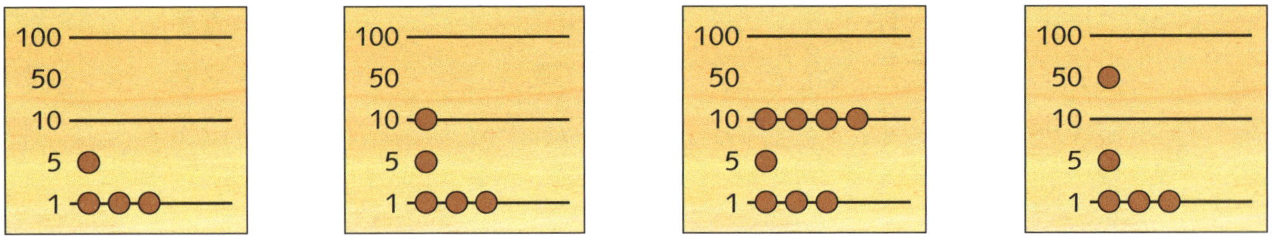

8 18 48 58

2. Welche Zahlen sind gelegt?

a) 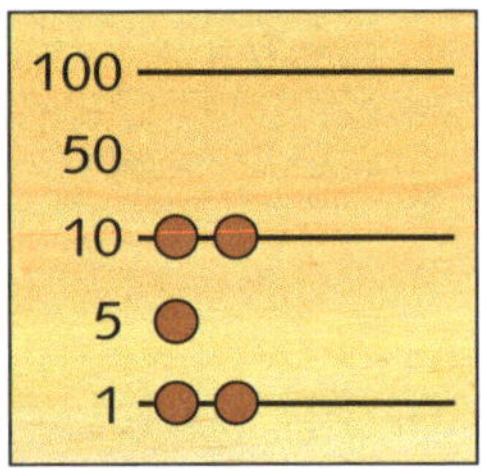

b) 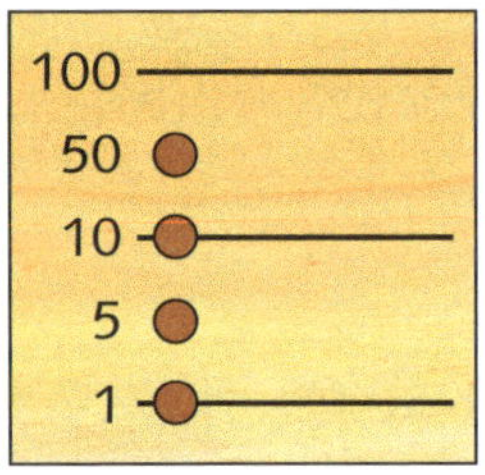

c) 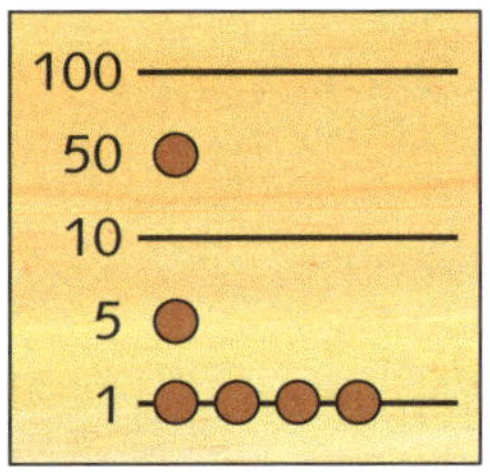

- **Auf den Linien** dürfen höchstens 4 Pfennige liegen.
- **Zwischen den Linien** darf höchstens 1 Pfennig liegen.
- Die Zahlen vorn geben jeweils den Wert eines Rechenpfennigs an.

3. Vorsicht! Hier wurde falsch gelegt.
Lege die Zahlen richtig.

a) 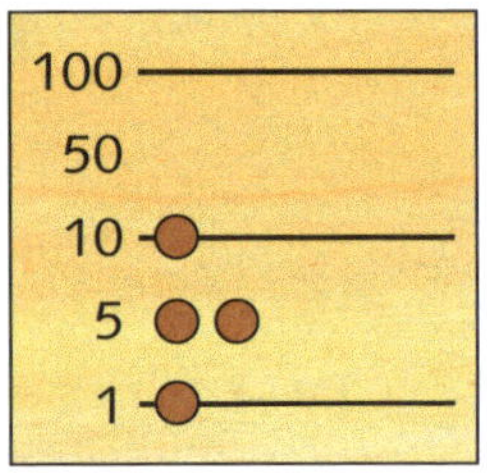

21

b) 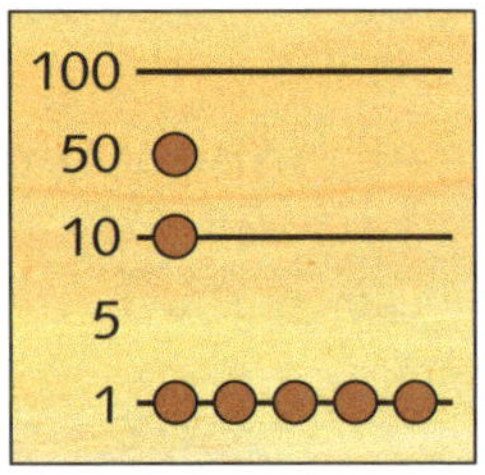

65

c) 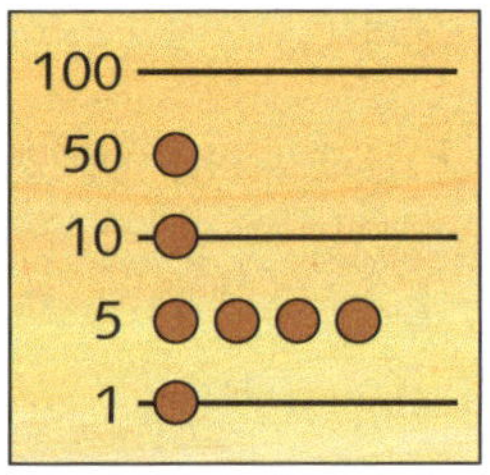

81

4. a) Legt die Zahlen 1, 5, 10, 50, 100, 25, 36, 49 und 88.
b) Nennt euch Zahlen und legt sie abwechselnd.

3 und 4 Für das Legen und Zeichnen die skizzierten Rechenbretter der Kopiervorlagen nutzen

(5) Mit dem Rechenbrett kann man auch Plusaufgaben rechnen. Erklärt.

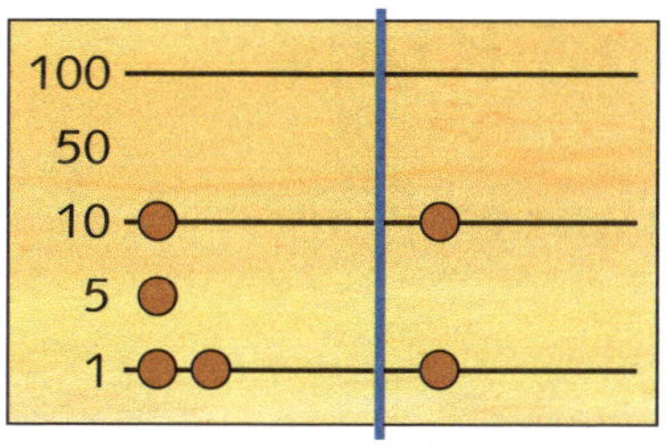

17 11

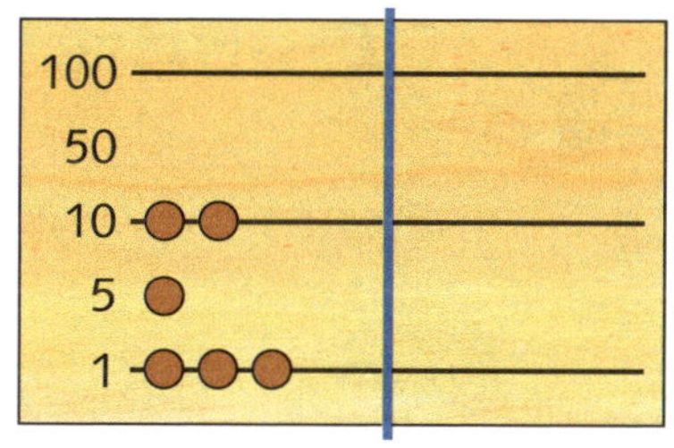

17 + 11 = 28

(6) Welche Plusaufgaben sind gelegt? Legt nach und löst sie.

a)

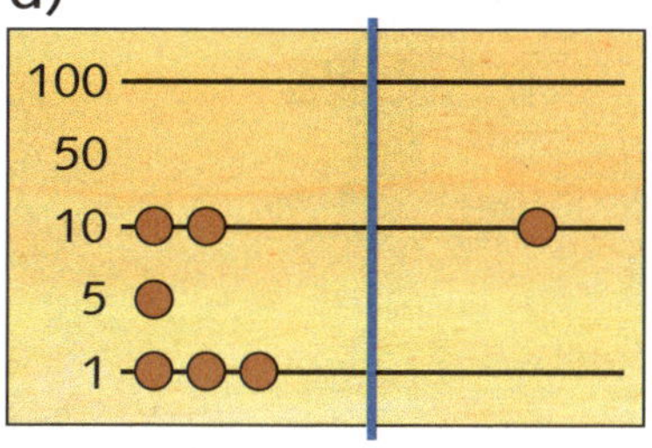

b)

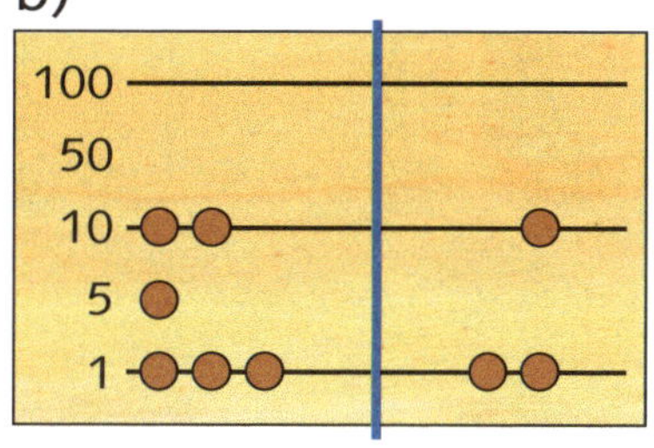

c)

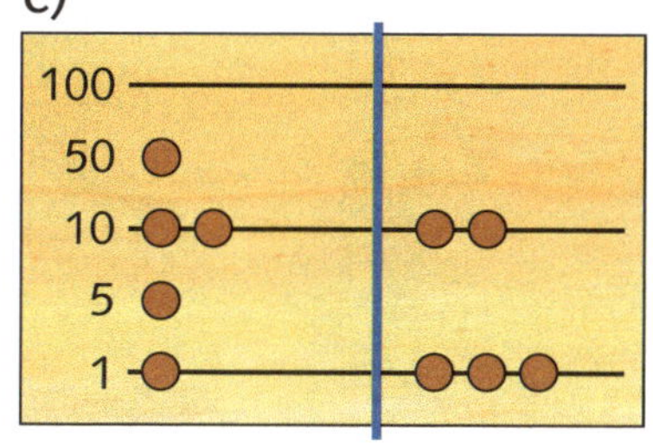

(7) Legt die Aufgaben auf dem Rechenbrett und löst sie.

a) 5 + 2	b) 16 + 2	c) 31 + 3	d) 11 + 11	e) 51 + 13
7 + 2	16 + 3	31 + 13	12 + 12	51 + 43

(8) Lara hat die Minusaufgabe mit dem Rechenbrett gelöst. Erklärt.

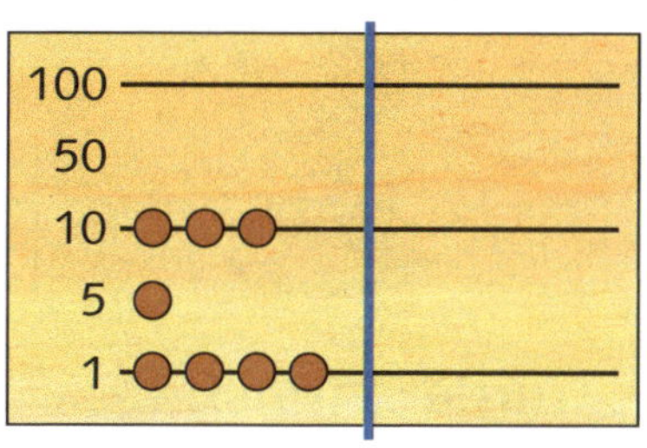

39 – 12

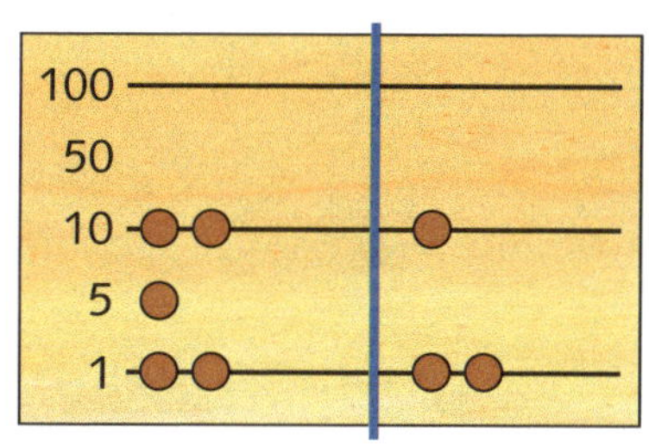

39 – 12 = 27

(9) Legt die Aufgaben auf dem Rechenbrett und löst sie.

14 – 2 | 34 – 2 | 43 – 20 | 42 – 21 | 79 – 23 | 92 – 61

(10) Welche Plusaufgabe wurde gerechnet? Was ist noch falsch? Berichtige.

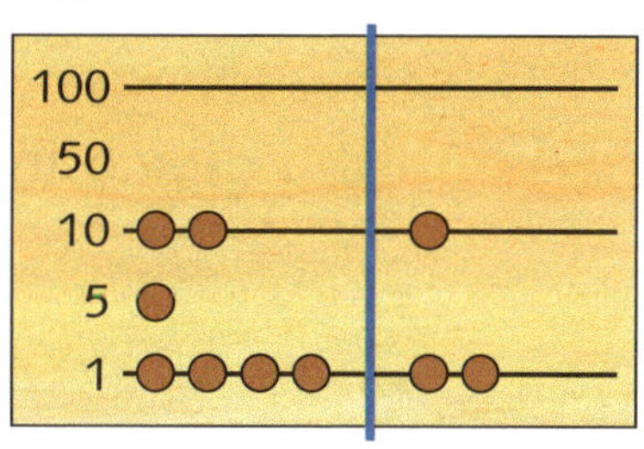

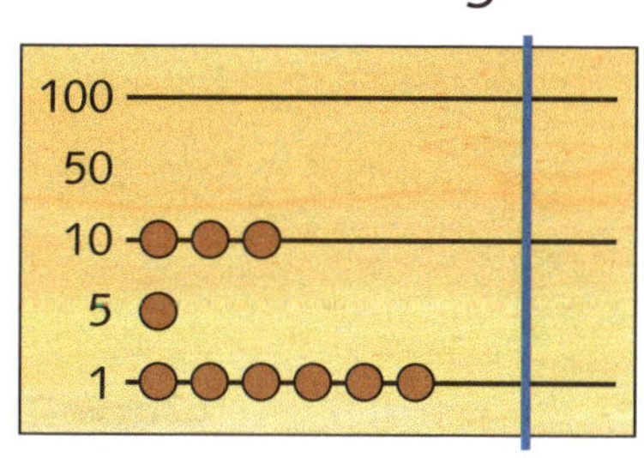

5 bis 7 Für das Legen und Zeichnen die skizzierten Rechenbretter der Kopiervorlagen nutzen

Ebene Figuren und Muster

Quadrat, Rechteck, Dreieck und Kreis

(1) Beschreibt, was die Kinder tun. Welche Flächen entdeckt ihr?

(2) Ergänze die Aussagen.

a)

b) Untersuche auch Rechteck, Dreieck und Kreis. Bilde ähnliche Sätze.

!

Vierecke

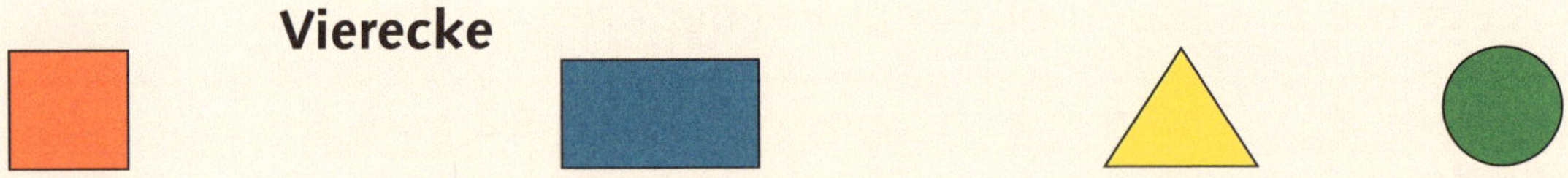

Quadrat	**Rechteck**	**Dreieck**	**Kreis**
4 Ecken Alle 4 Seiten sind gleich lang.	4 Ecken Gegenüberliegende Seiten sind gleich lang.	3 Ecken 3 Seiten	

(3) Zeigt Flächen im Klassenraum.

Arbeitsheft S. 31

1 Situation im Klassenzimmer nachspielen: Flächen herstellen (falten und schneiden, frei Hand und mit Hilfsmitteln zeichnen, am Geobrett spannen) **3** Unterschiede von Körpern und Flächen beachten, Eigenschaften thematisieren

Muster und Ornamente

1 Welche Muster und Ornamente entdeckt ihr? Beschreibt sie.

Info

Gegenstände werden oft mit Mustern verziert. Muster entstehen durch die Wiederholung von Formen und Farben. In der Kunst nennt man Muster auch Ornamente.

2 Sucht in eurer Umwelt nach Mustern und Ornamenten.

3 Legt die Muster nach und setzt sie nach rechts fort.

a) 

b) 

c) 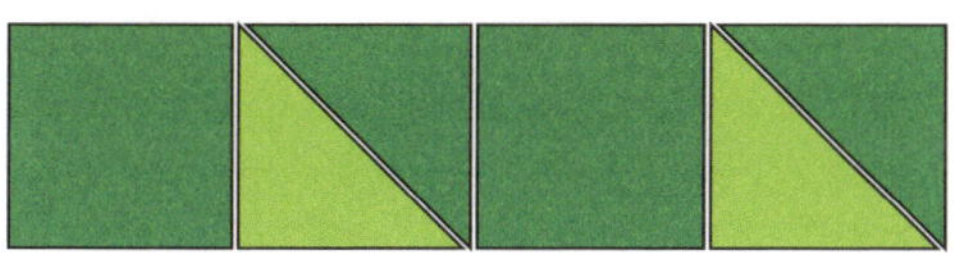

d) 

e) 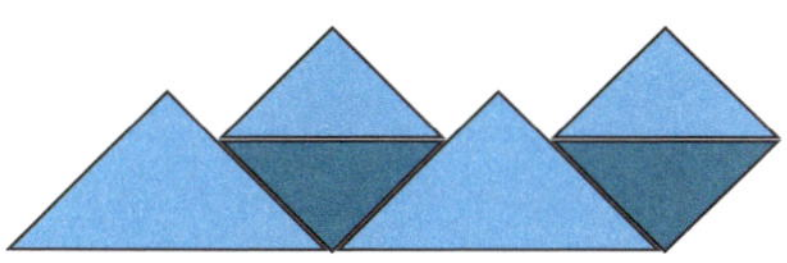

f) 

4 Übertrage die Ornamente in dein Heft. Setze sie nach rechts und nach unten fort.

a) 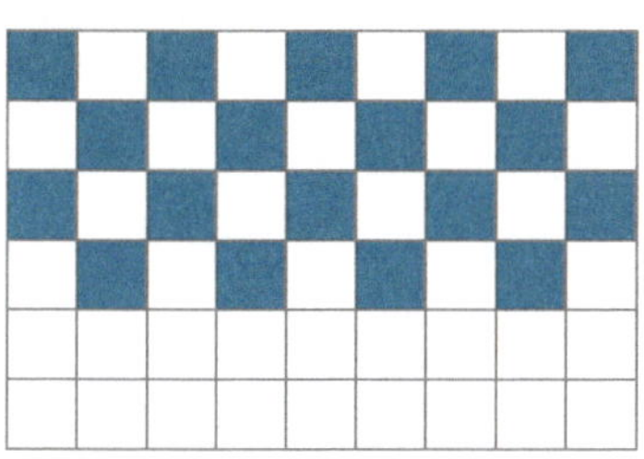

b) 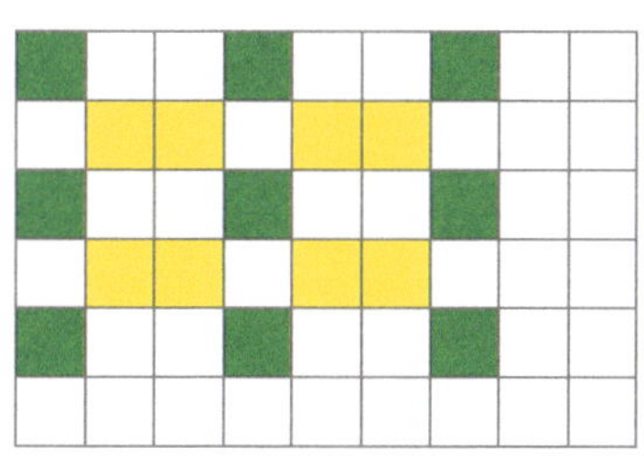

c) 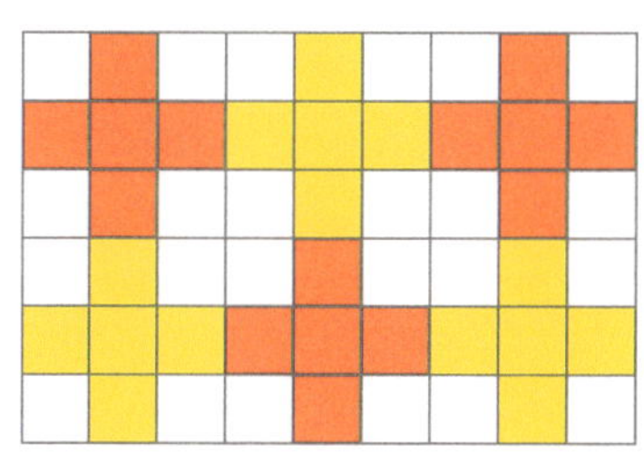

5 Erfinde eigene Muster und Ornamente. Zeichne sie in dein Heft.

3 Legeplättchen aus der Beilage verwenden

Arbeitsheft S. 32

Figuren auslegen und spannen

1 Wie kannst du die Figur auslegen? Probiere.

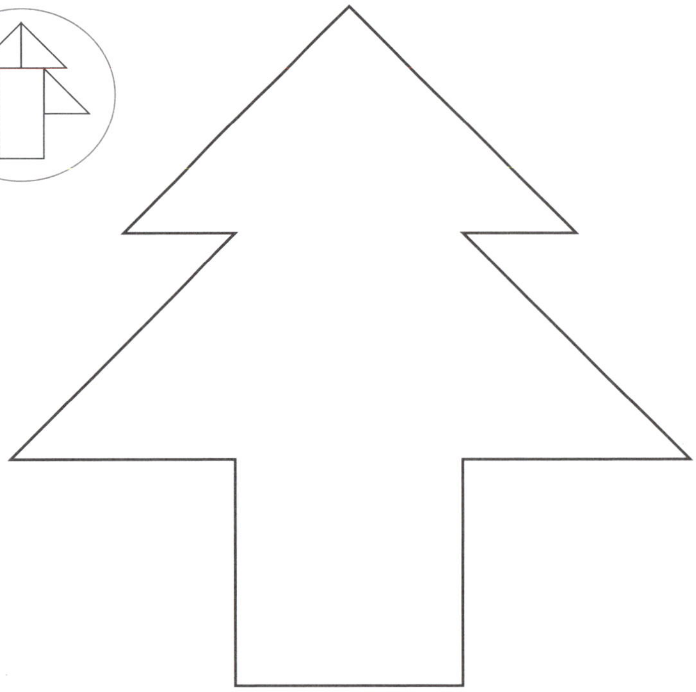

	A	B	C	D	E
□	0	0	2	1	2
▭	1	1	0	1	0
△ (groß)	4	2	2	2	1
△ (klein)	0	4	4	4	6

2 a) Lege die Figuren mit Rechtecken aus. Notiere das Ergebnis in eine Tabelle.
b) Nimm nun Quadrate. Was fällt dir auf?
c) Nimm nun große Dreiecke. Was fällt dir auf?

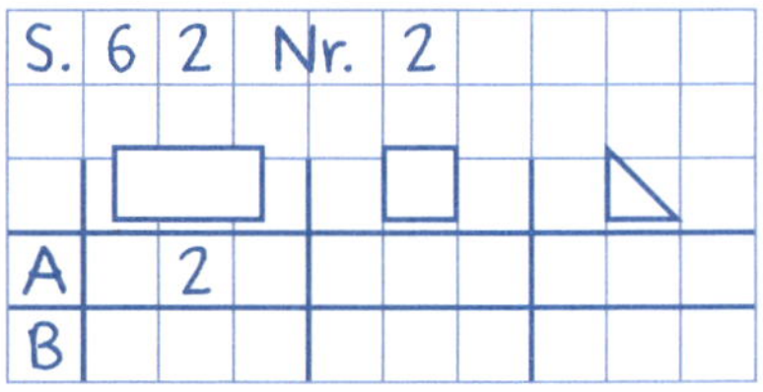

A

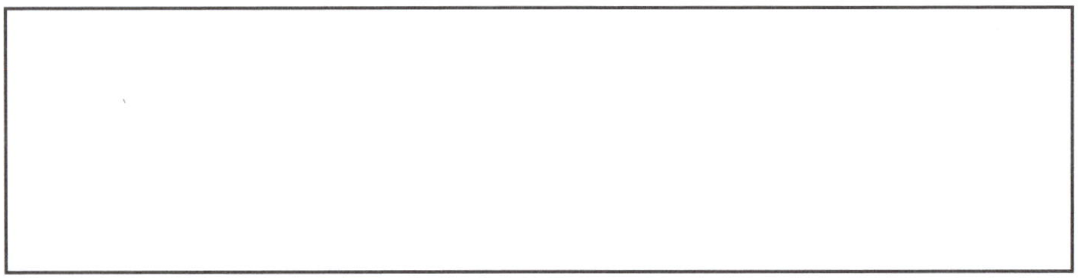

B

C

3 Erfinde eigene Figuren zum Auslegen.

1 und 2 Zum Auslegen die Formenplättchen aus der Beilage verwenden; Anzahl der Plättchen vergleichen (Anbahnung von Flächeninhalt)

4 Betrachtet die Figuren.

A

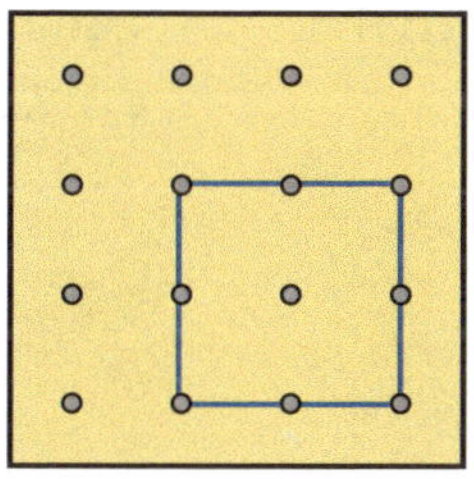

B

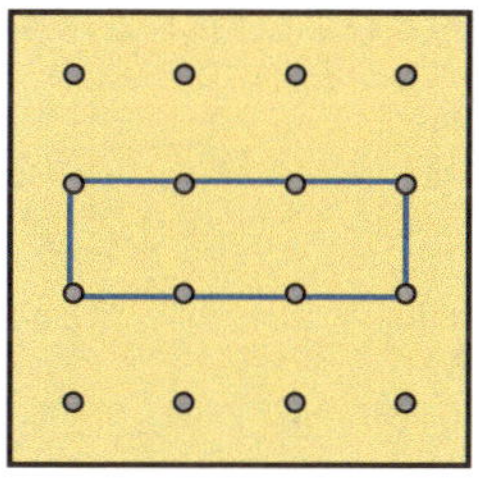

C

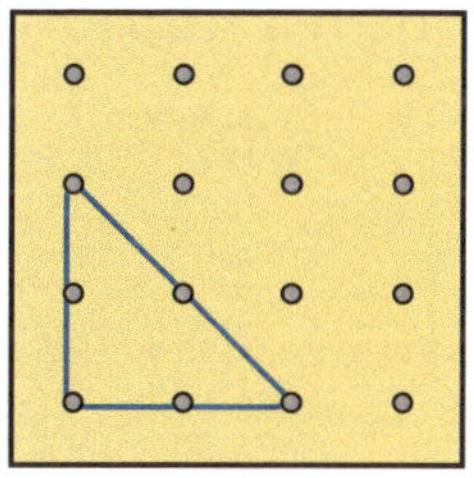

D

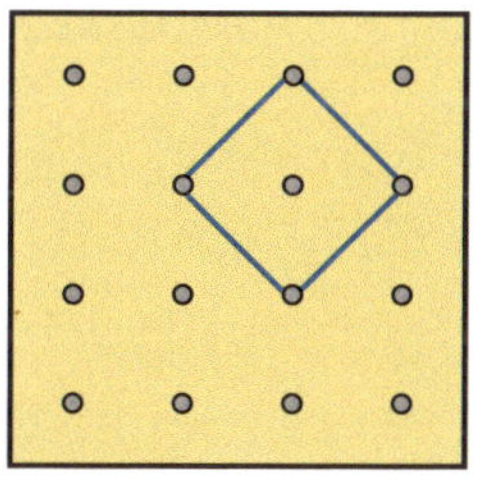

a) Wie heißen die Figuren?
b) Spannt die Figuren am Geobrett nach.
c) Spannt möglichst viele unterschiedliche Quadrate, Rechtecke und Dreiecke. Zeichnet eure Ergebnisse auf.

5 Spanne die Figuren auf dem Geobrett. Verwende jeweils zwei Gummis.

a) ein Rechteck und ein Quadrat
b) ein Dreieck und ein Rechteck
c) ein kleines Dreieck in einem großen Dreieck
d) ein kleines Rechteck in einem großen Rechteck

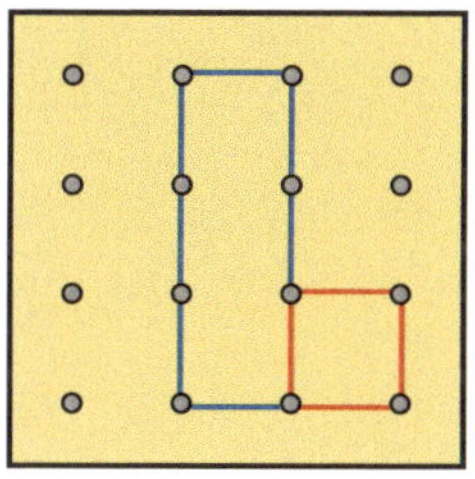

6 Verändert die Figuren schrittweise durch Umspannen. Welche Figuren entstehen?

a)

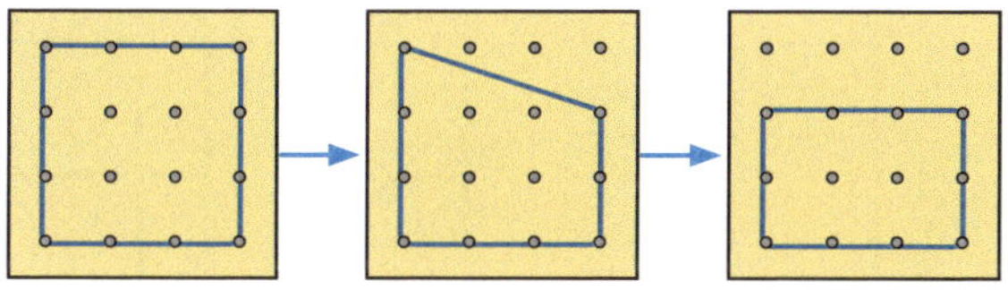

b)

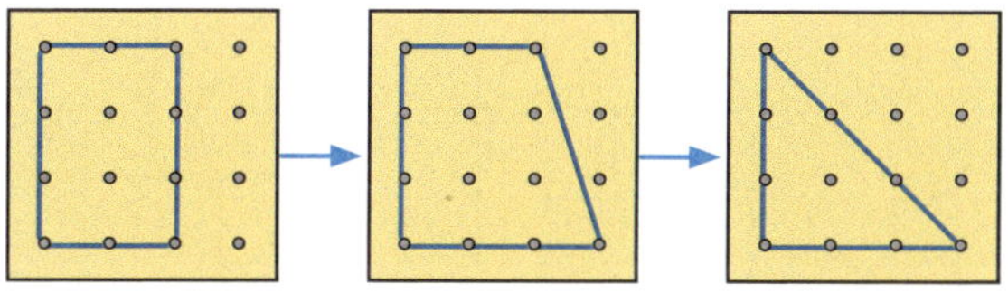

c)

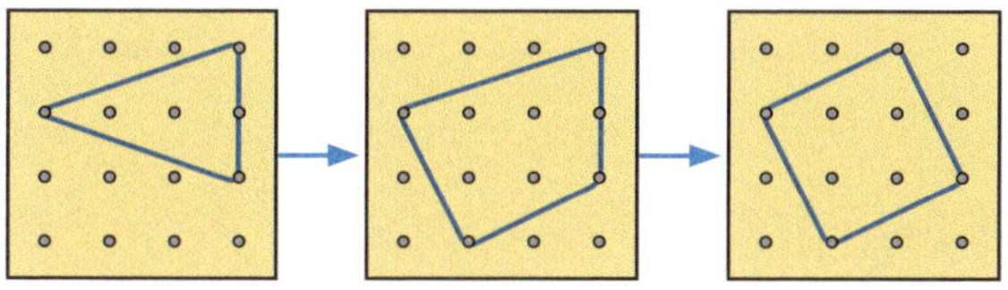

d)

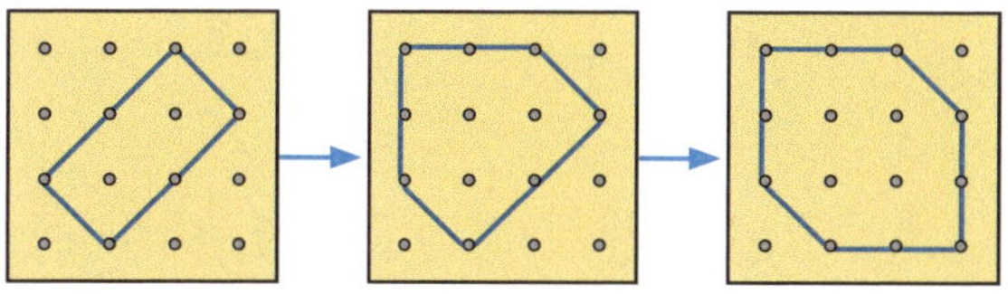

e) Stellt euch selbst solche Aufgaben. Zeichnet euer Vorgehen auf.

7 Betrachte das kleine Quadrat und spanne es nach.

a) Spanne ein Rechteck, das doppelt so groß ist.
b) Spanne ein Rechteck, das dreimal so groß ist.
c) Spanne ein Quadrat, das viermal so groß ist.
d) Spanne ein Dreieck, das halb so groß ist.
e) Kannst du ein Quadrat spannen, das doppelt so groß ist?

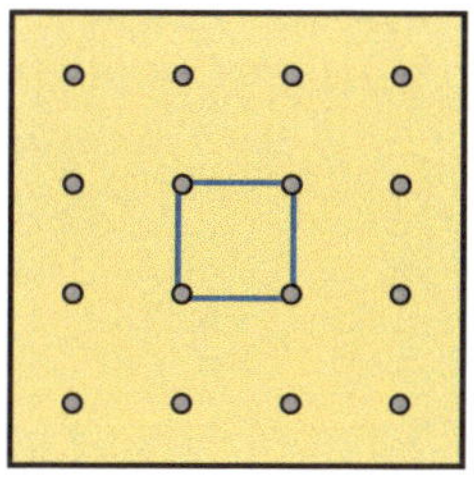

Flächen zeichnen

1 Wie zeichnet man Flächen mit Lineal und Zirkel? Erkläre.

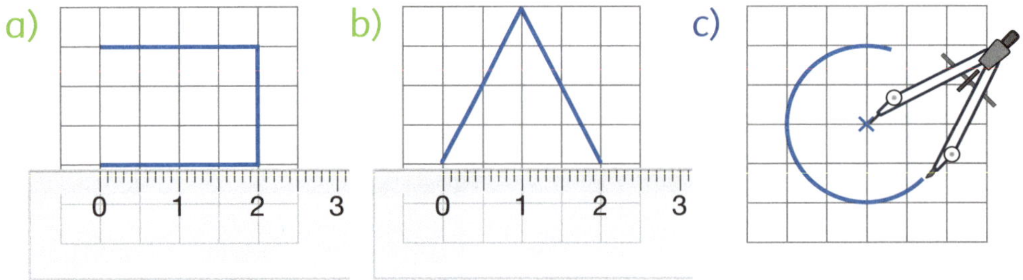

2 Zeichne die Flächen in dein Heft.

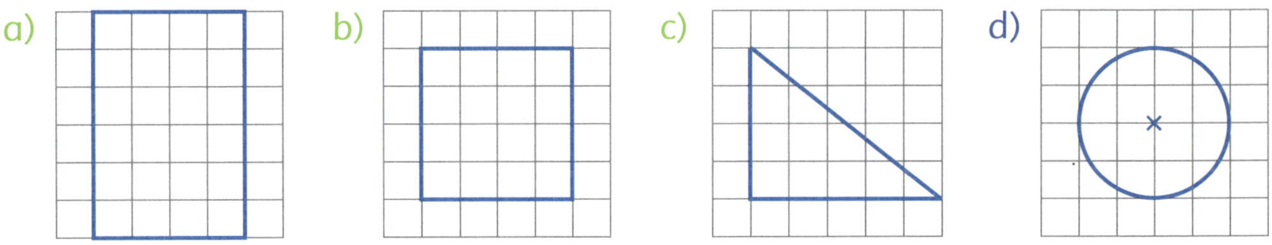

3 Zeichne die Flächen von Aufgabe 2 frei Hand in dein Heft.

4 Zeichne ab. Färbe Quadrate gelb, Rechtecke rot und Dreiecke grün.

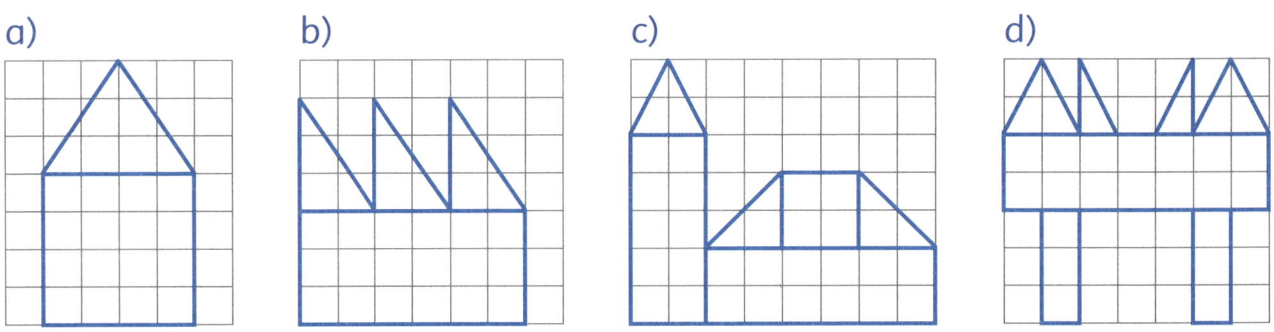

5 Betrachte die Zeichnungen und überprüfe.

a) Sind die Vierecke Quadrate?

b) Sind die roten Kreise gleich groß?

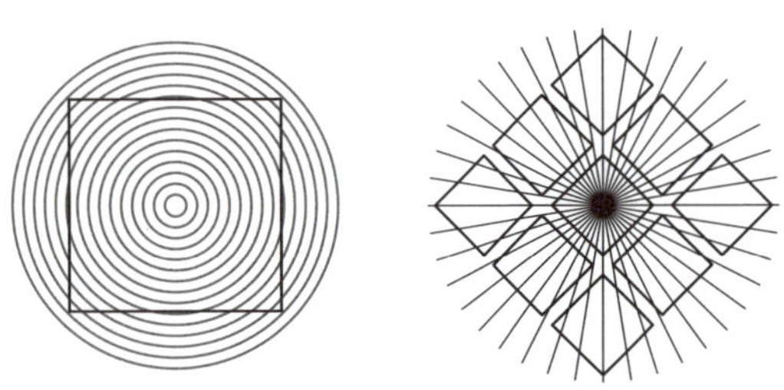

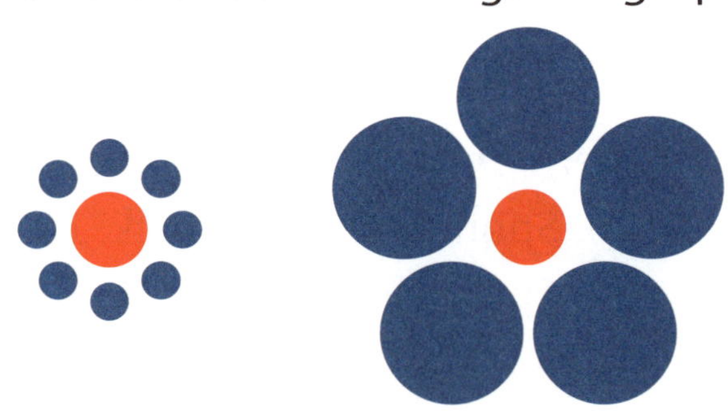

6 Suche im Internet unter dem Suchwort „optische Täuschungen".

1 Lineal und Zirkel als Zeichengeräte einführen
5 Optische Täuschungen thematisieren

Wiederholung

① Welche Flächen können es sein?

a) … hat 4 Ecken.
b) … hat keine Ecken.
c) … hat 3 Seiten.
d) … hat 3 Ecken.
e) Alle Seiten sind gleich lang.
f) Immer 2 Seiten sind gleich lang.

② Übertrage die Muster und setze nach rechts fort.

a) 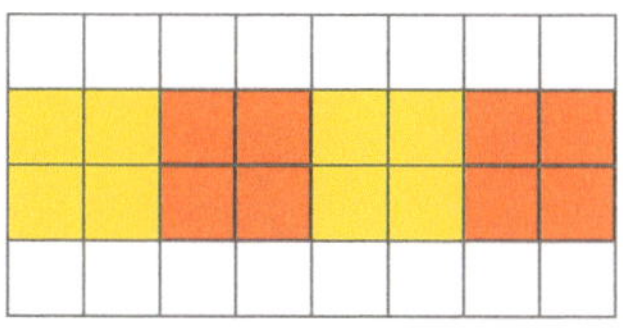

b) 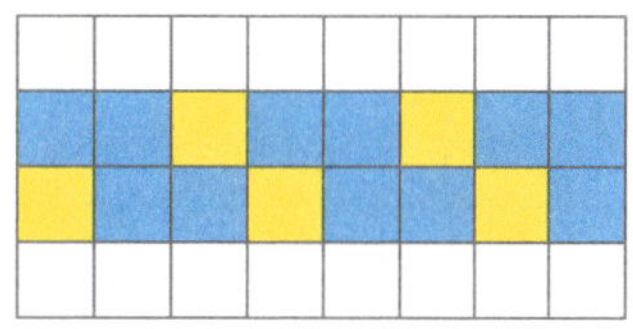

c) 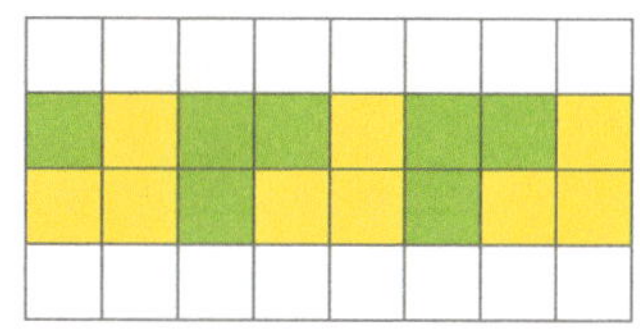

③ Übertrage die Ornamente. Setze nach rechts und nach unten fort.

a) 

b) 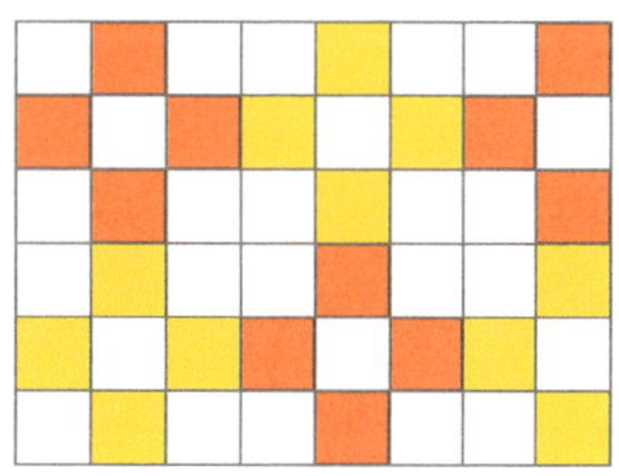

c) 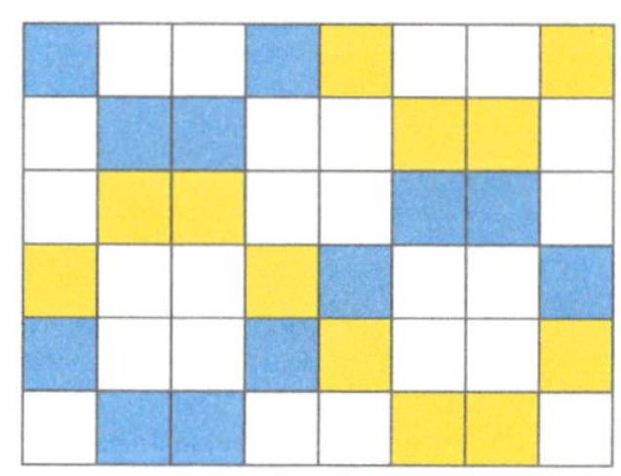

④ Spanne die Figuren auf dem Geobrett. Verwende jeweils 2 Gummis.

a) 2 Rechtecke
b) 2 Dreiecke
c) ein kleines Dreieck in einem großen Rechteck
d) ein kleines Quadrat in einem großen Quadrat

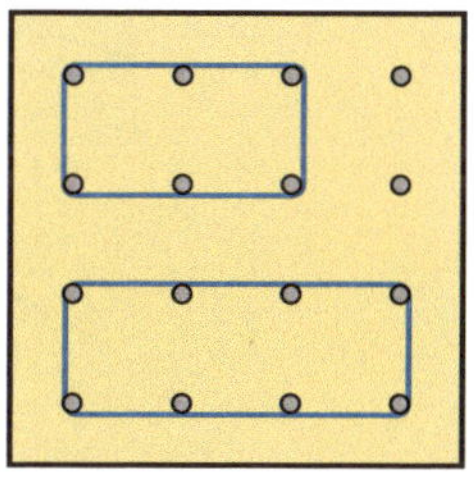

⑤ Zeichne ab. Färbe Quadrate gelb, Rechtecke rot und Dreiecke grün.

a) 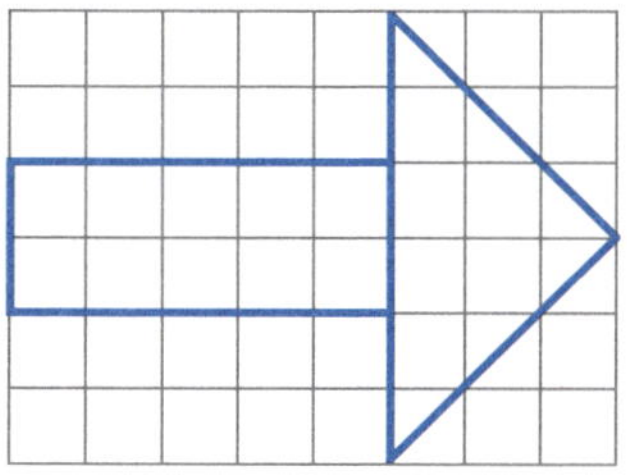

b) 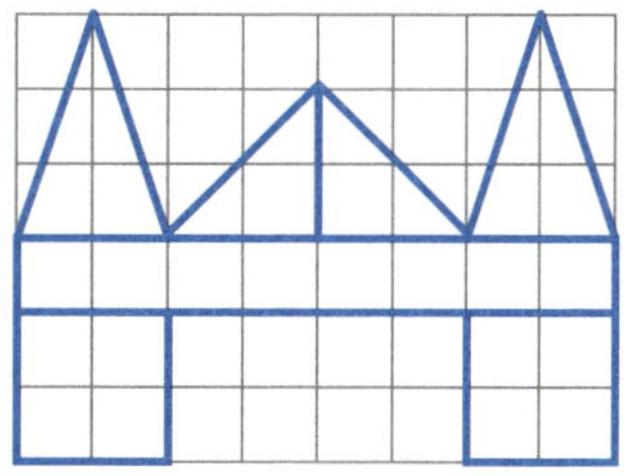

c) 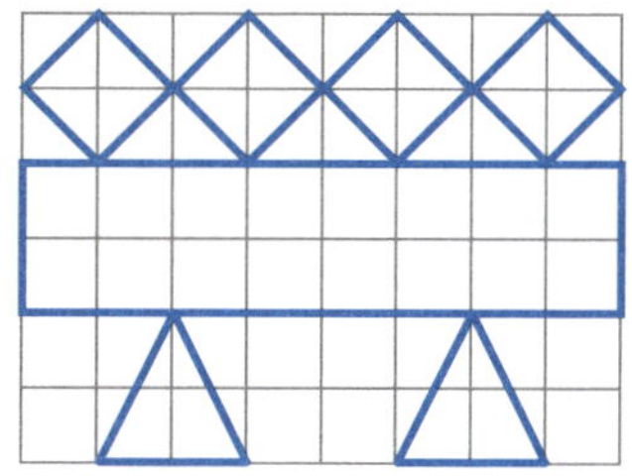

L Zeichne ein Quadrat, ein Rechteck und ein Dreieck frei Hand in dein Lerntagebuch.

Die Seite selbstständig bearbeiten, anschließend über geometrische Flächen und Muster reflektieren 4 In Partnerarbeit Figuren zeigen und erklären

Projekt: Mathematik und Kunst

① Welche Flächen entdeckt ihr im Bild? Erzählt.

Piet Mondrian:
Große Komposition A (1919)

Info

Der Maler Piet Mondrian lebte von 1872 bis 1944.
Er malte keine Dinge, wie wir sie sehen, sondern oft nur Flächen in den Grundfarben Rot, Blau und Gelb. Diesen Malstil nennt man auch *abstrakte Malerei*.

② Stelle selbst zwei abstrakte Bilder wie Mondrian her.

1. 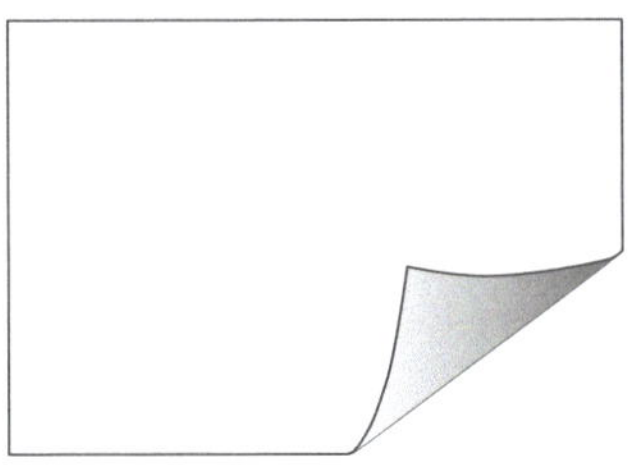

Falte ein DIN-A4-Blatt mehrmals.

2. 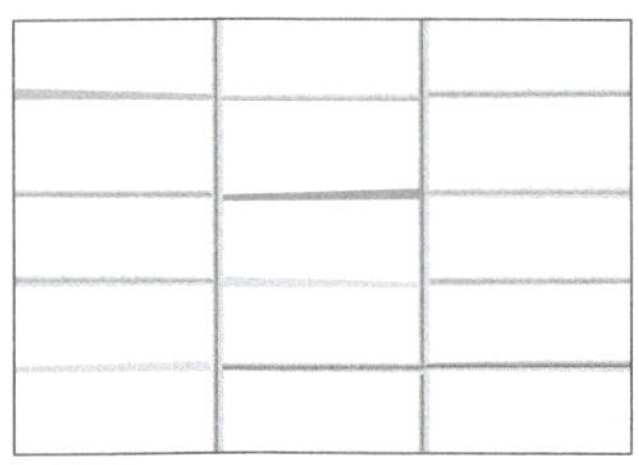

Falte das Blatt auseinander.

3. 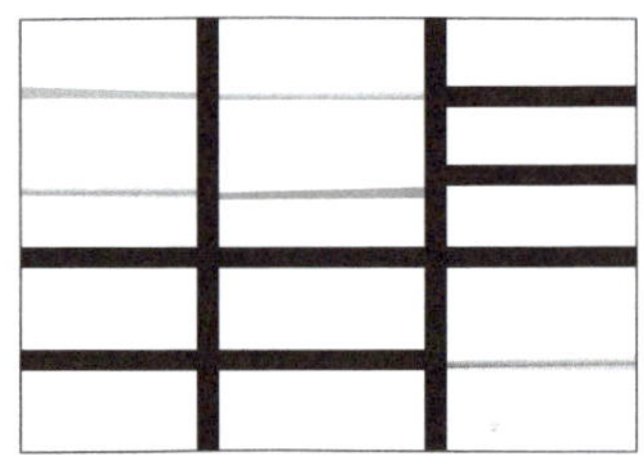

Zeichne einige Faltlinien mit einem dicken schwarzen Stift nach.

4. 

5. 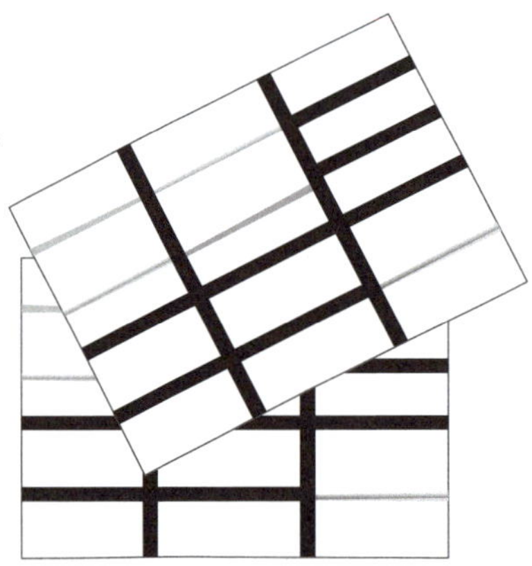

Du hast jetzt 2 genau gleiche Blätter.

6. 

Male auf beiden Blättern die gleichen Flächen mit bunten Wachsstiften aus.

③ Sucht im Internet unter dem Suchwort „Mondrian“ und seht euch weitere Bilder an.

2 Begriffe „zueinander parallele Linien“ und „zueinander senkrechte Linien“ thematisieren; 3. Schritt: dicker Wachsstift, Ölkreide oder Filzstift; 6. Schritt: Ölkreide, Zuckerkreide verwenden; beide Blätter unbedingt identisch färben

(4) Erzählt.

Bild im Stil von Mondrian

Info

Der Komiker und Künstler Ursus Wehrli wurde 1969 in der Schweiz geboren. Er verändert Kunstwerke bekannter Maler. Hierzu zerlegt er Kopien der Kunstwerke in deren Einzelteile und sortiert sie neu. Wehrli nennt dieses Projekt „Kunst aufräumen“.

Bild aufgeräumt im Stil von Wehrli

(5) Gestaltet selbst eine Ausstellung zum Thema „Kunst aufräumen“. Verwendet dazu eure zwei Bilder. Zerschneidet eines und räumt es auf.

(6) a) Auch hier wurde aufgeräumt. Erzählt.

b) Wählt selbst etwas aus. Räumt auf.

Farbstifte | Tafelmagnete | Bauklötze | Wäscheklammern

(7) Überlegt, was man noch aufräumen kann. Fotografiert es vor und nach dem Aufräumen.

Multiplizieren und dividieren

Vom Addieren zum Multiplizieren

1 Erzählt.

2	$2 + 2 = 4$	$2 + 2 + 2 = \square$
$1 \cdot 2$	$2 \cdot 2 = 4$	$3 \cdot 2 = \square$
1 *mal* 2	2 *mal* 2 *ist gleich* 4	3 *mal* 2 *ist gleich* □

2 Findet immer eine Plusaufgabe und eine Malaufgabe.

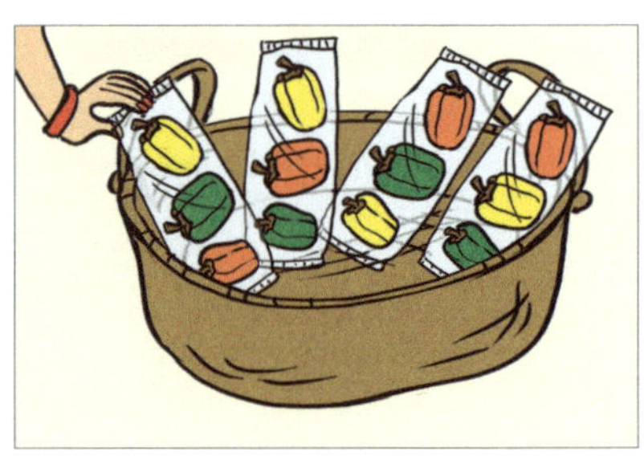

3 Spielt Einkaufen im Klassenzimmer nach.

Begriffe „multiplizieren" und „Malaufgaben" thematisieren; im Bild multiplikative Situationen erkennen und nachspielen/nachlegen **1 und 2** In dynamischen Situationen Additions- und Multiplikationsaufgabe erkennen und lösen; bei Bedarf mit Plättchen legen

4 Schreibe zu jedem Bild die Plusaufgabe und die Malaufgabe.

a)

b)

S.	6	9	Nr.	4			
a)		4	+	4	=	8	
		2	·	4	=		

5 Schreibe zu jedem Bild die Plusaufgabe und die Malaufgabe.

a)

b)
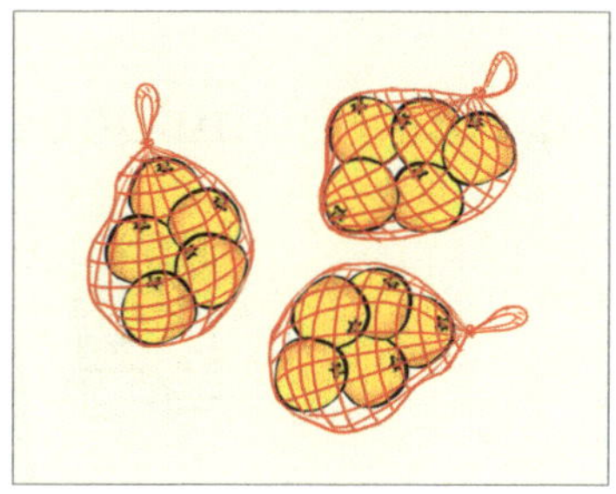

c)
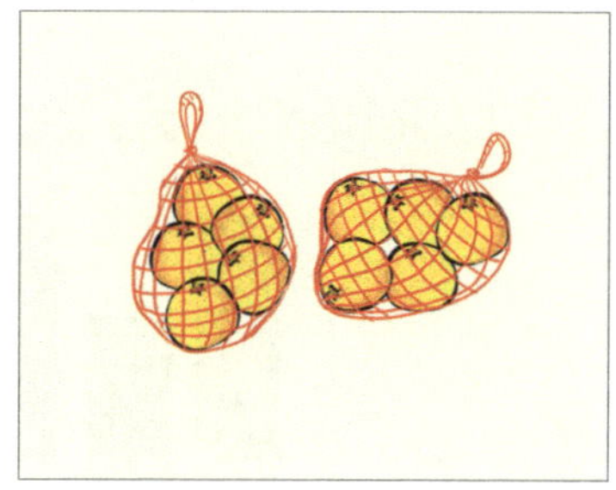

6 Schreibe die Plusaufgaben und die Malaufgaben.

a)

b)
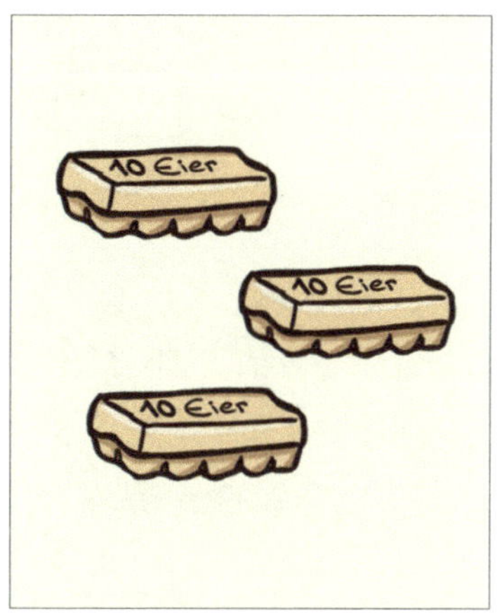

c)

d)

e)
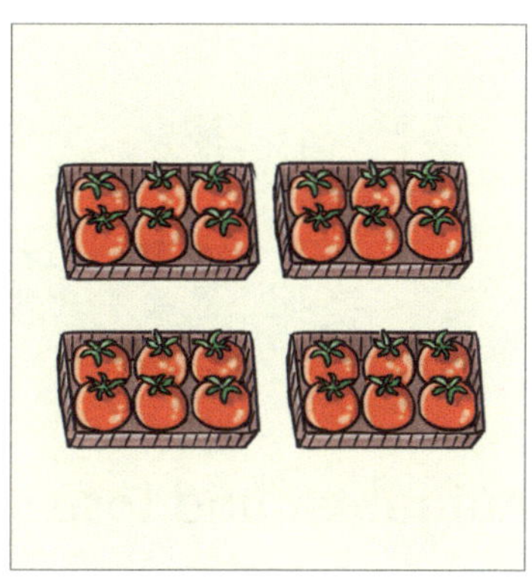

f)

Malaufgaben erkennen

1 Erzählt.

2 Schreibe zu jedem Bild eine Plusaufgabe und eine Malaufgabe.

a) 

b) 

S.	7	0	Nr.		2				
a)		4	+	4	+	4	+	4	=
						4	·	4	=

c) 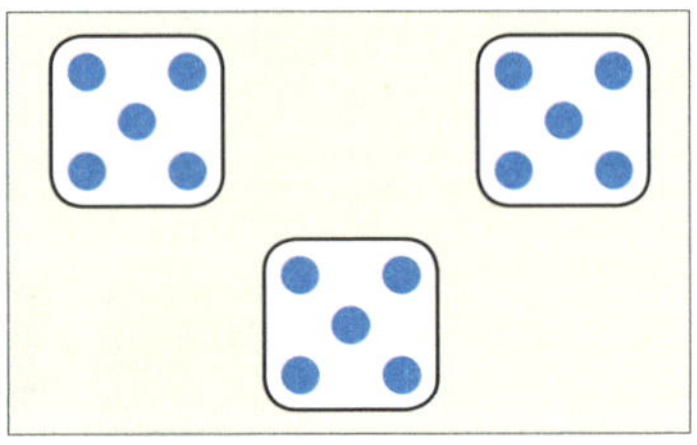

d) 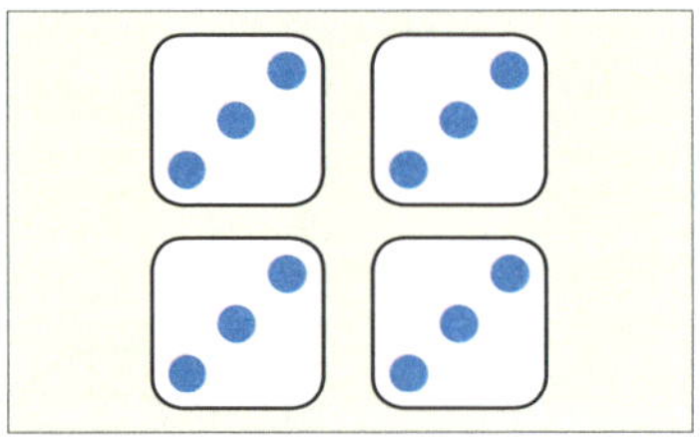

e) 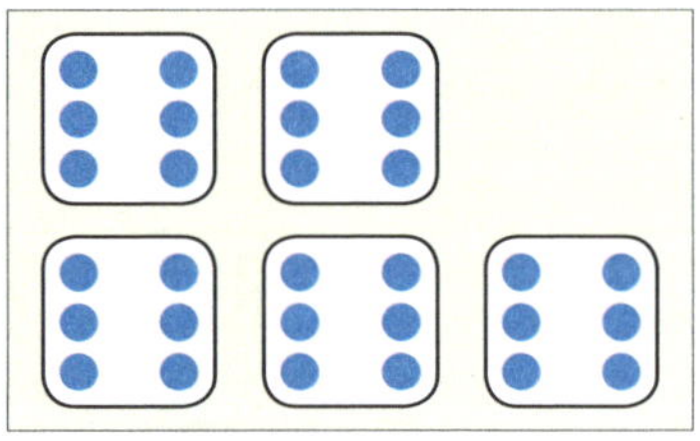

!

4 + 4 + 4 = 12

3 · 4 = 12

3 *mal* 4 *ist gleich* 12

3 Schreibe zu jedem Bild eine Plusaufgabe und eine Malaufgabe. Rechne.

a) 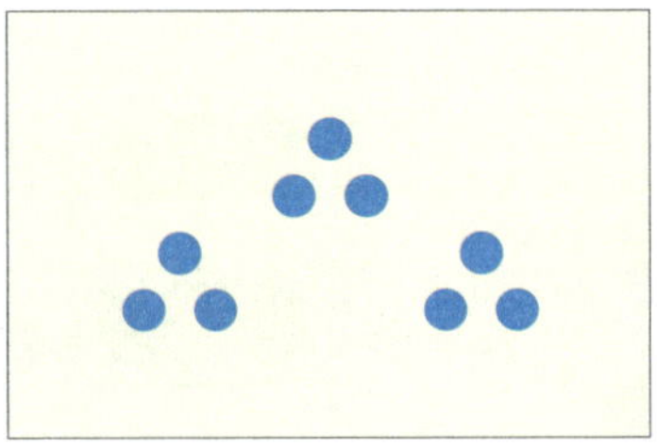

b) 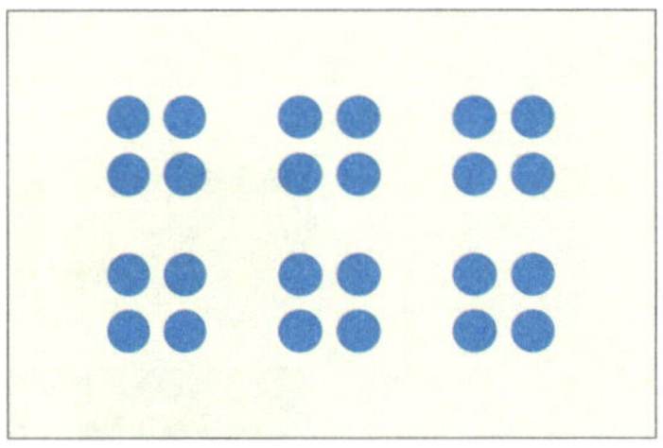

c) 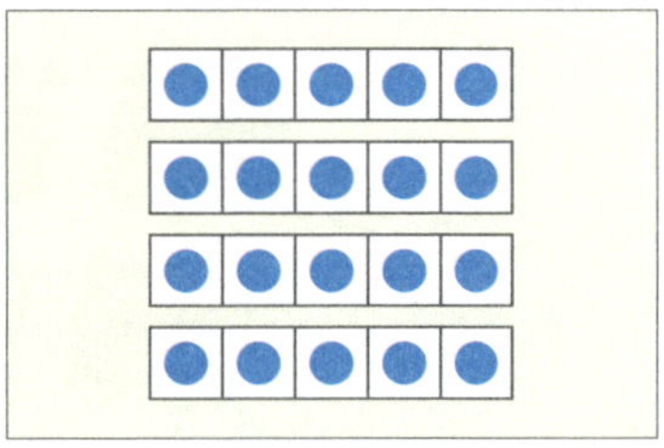

4 Male Bilder zu den Aufgaben und löse sie.

a) 2 · 4

b) 5 · 3

c) 4 · 6

1 Mit Material (Bausteine, Plättchen, ...) eigene Aufgaben legen und lösen
1 bis 3 Statischen Abbildungen Plus- und Malaufgaben zuordnen; Aufgaben lösen
4 Zu multiplikativen Aufgaben passende Bilder malen

Tauschaufgaben

1 Erzählt.

3 · 5 = 15

5 · 3 = 15

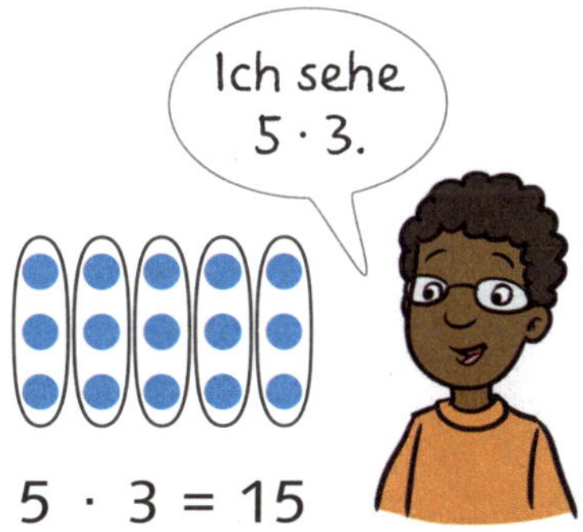

2 Rechnet Aufgabe und Tauschaufgabe.

a) 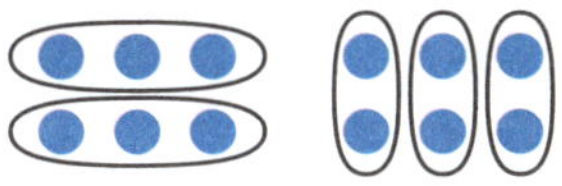

b) 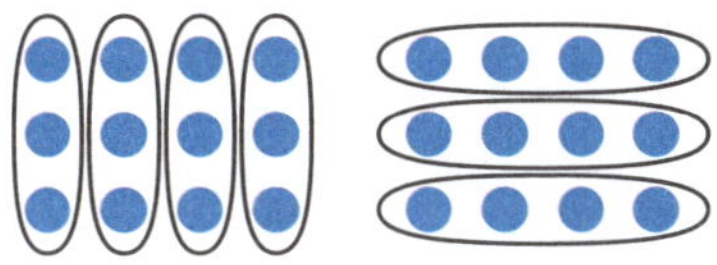

S.	7	1	Nr.	2	
a)		2	·	3	=
		3	·	2	=

3 Wie viele Punkte?
Schreibe zu jedem Bild 2 Plusaufgaben und 2 Malaufgaben.

a) 

b) 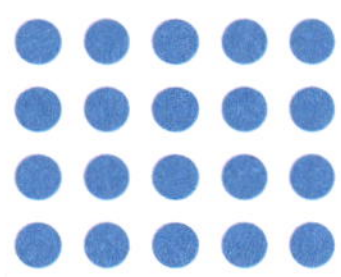

c) 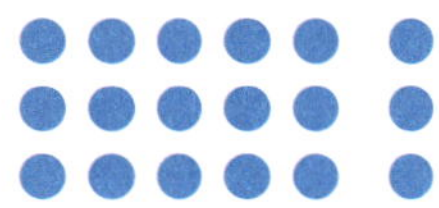

d) 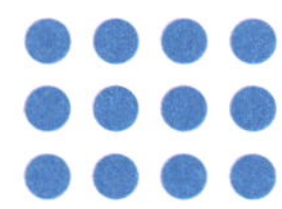

!

Aufgabe: 3 · 5 = 15
Tauschaufgabe: 5 · 3 = 15

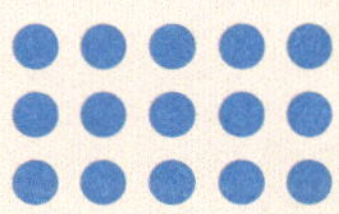

4 Male ein Punktefeld. Rechne Aufgabe und Tauschaufgabe.

a) 2 · 5   b) 5 · 3   c) 2 · 6   d) 6 · 4

5 Zeigt euch Aufgaben am Hunderterfeld und rechnet.

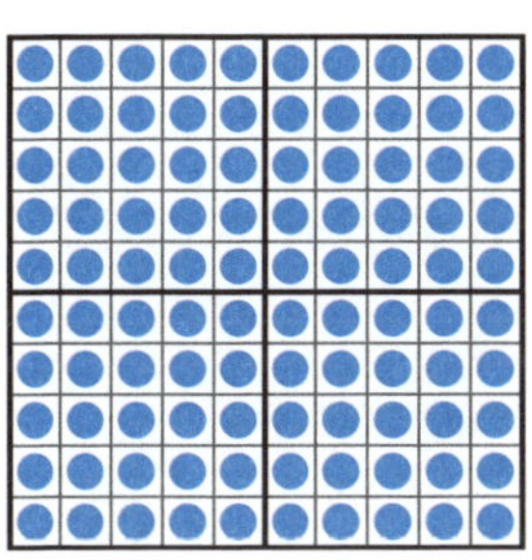

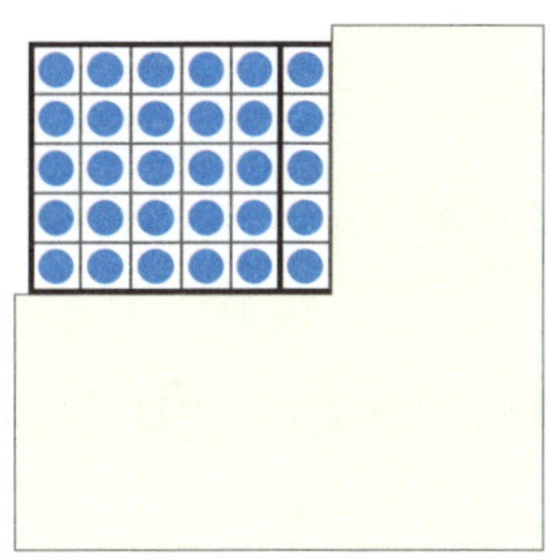

1 bis 4 Punktefeld thematisieren, Tauschaufgaben visualisieren – es gibt 2 Möglichkeiten zu schauen; Plus- und Malaufgaben zeigen **5** Ein Kind zeigt am Hunderterfeld durch Abdecken einen Ausschnitt; ein anderes nennt Aufgabe und Tauschaufgabe

Arbeitsheft S. 36

Einführung Dividieren

1 Erzählt und spielt nach.

32 : 4 = ☐

geteilt durch *ist gleich*

2 Verteilt gerecht.

a) 10 Bonbons an 2 Kinder

b) 9 Äpfel an 3 Kinder

3 20 Stifte sollen gerecht verteilt werden.

a) an 2 Kinder b) an 4 Kinder
c) an 5 Kinder d) an 10 Kinder

S.	7	2	Nr.	3			
a)		2	0	:	2	=	

4 Verena verteilt 16 Sticker gerecht an sich und 3 Freundinnen.

5 An wie viele Kinder kannst du 12 Bonbons gerecht verteilen? Finde alle Möglichkeiten.

Situationen des Verteilens nachspielen; Plättchen verwenden; passende Geteiltaufgaben notieren und lösen

6 Erzählt und spielt nach.

7 Es sind 20 Becher. Immer 4 Becher sollen auf ein Tablett.
Wie viele Tabletts brauchst du?

20 : 4 = ☐

geteilt durch *ist gleich*

8 Teile auf. Lege mit Plättchen. Schreibe die Aufgaben auf und löse sie.

a) 

Stelle immer 2 auf ein Tablett.

b) 

Lege immer 3 in eine Schale.

c) 

Lege immer 4 auf einen Teller.

9 Legt mit Plättchen und teilt auf. Löst die Aufgaben im Heft.

6 : 2 9 : 3 8 : 4 10 : 5

Situationen des Aufteilens und Verteilens nachspielen; bei Bedarf mit Plättchen arbeiten; passende Geteiltaufgaben finden und lösen

Arbeitsheft S. 37

Teilen

1 Legt mit Plättchen und rechnet.

a) 20 : 2   b) 20 : 4   c) 20 : 5   d) 20 : 10

S.	7	4	N	r.	1	
a)		2	0	:	2	=

2 Schreibe und rechne die Geteiltaufgabe.

a)

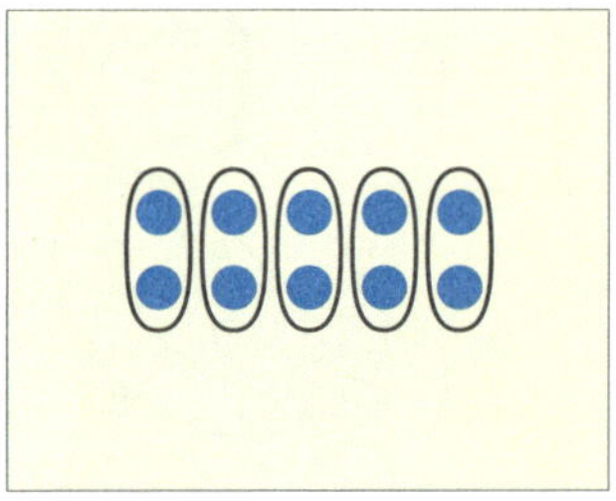

b)

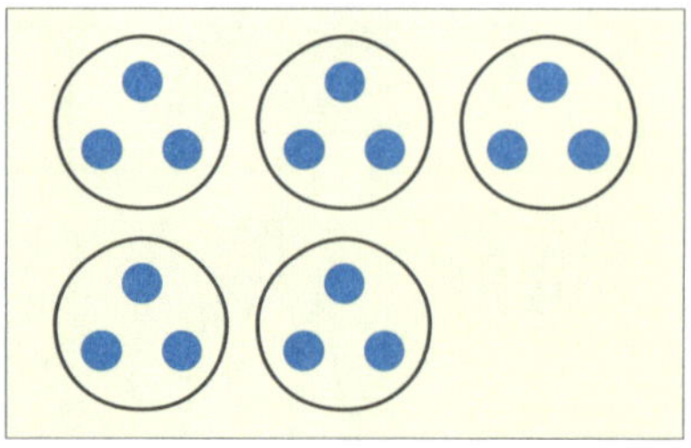

c)

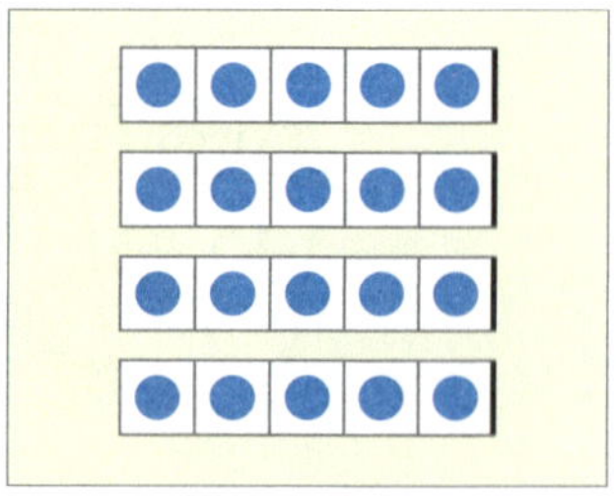

3 Male, kreise ein und rechne.

a) 10 : 5   b) 14 : 2   c) 15 : 3   d) 20 : 5   e) 18 : 3

!

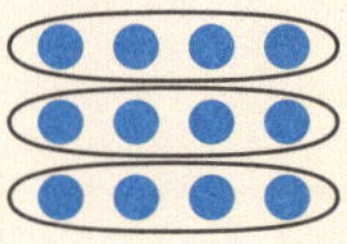

12 : 4 = 3

12 *geteilt durch* 4 *ist gleich* 3

4

a)	b)	c)	d)	e)
4 : 2	12 : 3	12 : 6	20 : 4	24 : 8
6 : 3	16 : 4	14 : 7	24 : 6	21 : 7
8 : 4	15 : 5	18 : 6	25 : 5	27 : 9

5 Sulola hat 15 Bausteine. Wie viele 5er-Türme kann sie bauen?

6 Nils hat 20 Plättchen. Wie viele 4er-Reihen kann er legen?

7 18 : 6 oder 18 : 3 ? Welche Aufgabe passt?

Ordne zu und rechne.

a) Andi verteilt 18 Sticker an 3 Kinder.

b) Anita verteilt 18 Becher auf 6 Tische.

c) Noa verteilt 18 Bonbons gerecht an sich und seine 2 Freunde.

8 Erfinde eigene Rechengeschichten zu 12 : 3 und 25 : 5 .

3 bis 7 Aufgaben bei Bedarf mit Plättchen legen
5 bis 7 Passende Geteiltaufgabe finden und lösen

Umkehraufgaben und Aufgabenfamilien

1 Erzählt und spielt nach.

2 Schreibe Aufgabe und Umkehraufgabe.

a) 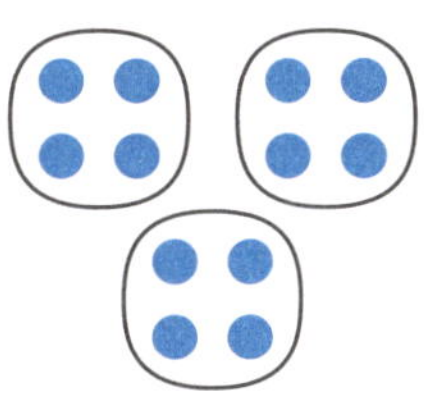 b) 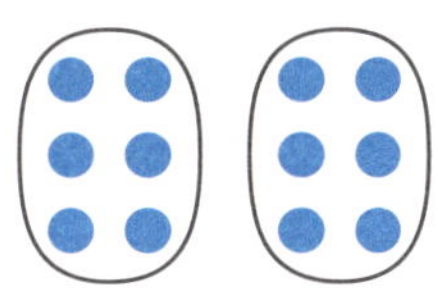 c) 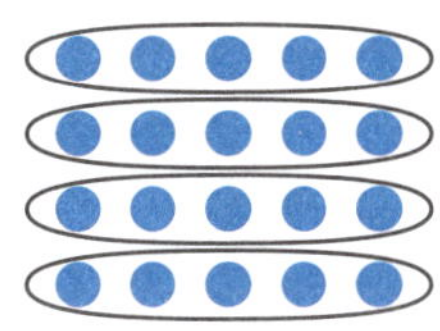

S.	7	5	Nr.		2	
a)	1	2	:	4	=	3
		3	·	4	=	

3 3 Zahlen, 4 Aufgaben. Rechne die Aufgabenfamilien.

a) 4, 10, 40

4 · 10
10 · 4
40 : 10
40 : 4

b) 3, 5, 15

3 · 5
5 · 3
15 : 5
15 : 3

S.	7	5	Nr.		3	
a)		4	·	1	0	=
	1	0	·		4	=
	4	0	:	1	0	=
	4	0	:		4	=

4 Bilde die Aufgabenfamilien und rechne.

a) 6, 2, 12 b) 5, 4, 20 c) 8, 24 d)

Daten, Häufigkeit und Wahrscheinlichkeit

1 Ordnet die Begriffe unmöglich, möglich oder sicher zu.
Begründet.

2 unmöglich, möglich oder sicher? Jedes Kind würfelt einmal.
Ordnet die Aussagen zu und begründet.

A Simon würfelt eine gerade Zahl.

B Verena würfelt eine 7.

C Nino würfelt eine Zahl größer als 0.

D Lisa würfelt eine Zahl kleiner als 6.

S. 76 Nr. 2
unmöglich:
möglich:
sicher:

3 Finde eigene Aussagen zu den Begriffen: unmöglich möglich sicher

4 Hat Toni recht?

gewürfelte Zahl	Wie oft? (Häufigkeit)
1	|
2	
3	
4	
5	
6	

a) Bildet Gruppen. Jeder würfelt 10-mal.
Notiert eure Ergebnisse.

b) Was habt ihr herausgefunden?
Vergleicht die Ergebnisse der Gruppen in der Klasse.

5 Noa und Ina würfeln mit einem Würfel gegeneinander. Ina gewinnt bei allen Zahlen kleiner als 3. Noa gewinnt bei allen anderen Zahlen.
Ist das Spiel gerecht? Begründet.

1 und 2 Lösungen begründen und erkennen, dass es bei mathematischen Aussagen eine eindeutige Zuordnung gibt **4** Erkennen, dass alle Würfelergebnisse gleich wahrscheinlich sind

6 Zieht mit verbundenen Augen 30-mal eine Perle. Legt die Perle nach jedem Ziehen zurück. Notiert eure Ergebnisse in eine Strichliste.

rot:	||||
blau:	卌 ||

7 a) Wie oft haben die Kinder gezogen?
b) Welche Strichliste kann zu welchem Glas passen? Begründet.

Lisa:

rot:	卌 卌 卌
blau:	卌

Nino:

rot:	卌 卌 |
blau:	卌 ||||

Andi:

rot:	卌 卌 卌 卌
blau:	

A

B

C

8 Sulola zieht eine Perle.
Welche Aussage passt zu welchen Gläsern? Begründe.
a) Es ist unmöglich, dass sie Rot zieht.
b) Es ist möglich, dass sie Rot zieht.
c) Sie zieht sicher Rot.
d) Es ist möglich, dass sie Blau zieht.

9 Ina und Noa ziehen abwechselnd je eine Perle aus Glas D.
Ina gewinnt bei Rot. Noa gewinnt bei Blau.
Ist das Spiel gerecht? Begründe.

10 Male zu jeder Aussage ein passendes Glas mit Perlen:
a) Es ist unmöglich, dass man Gelb zieht.
b) Es ist möglich, dass man Grün zieht.
c) Es ist sicher, dass man Gelb zieht.

11 Wie könnten die Gläser zu den Strichlisten aussehen?
Zeichne Gläser mit 8 Kugeln.

a)

rot:	卌 卌
blau:	卌 卌

b)

rot:	卌 卌 卌
blau:	卌

9 Zusätzlich überlegen, bei welchem der Gläser das Spiel gerecht wäre

Sachrechnen: Skizzen als Lösungshilfen

1 Welche Skizze passt zu welcher Aussage? Ordnet zu und begründet.

a) Verena pflanzt Narzissen. Sie hat 16 Pflanzen und setzt immer 4 in eine Reihe.

b) Noa verteilt 9 Äpfel an 3 Kinder.

c) Simon setzt Tulpen. Er steckt 3 Reihen mit je 4 Zwiebeln.

A
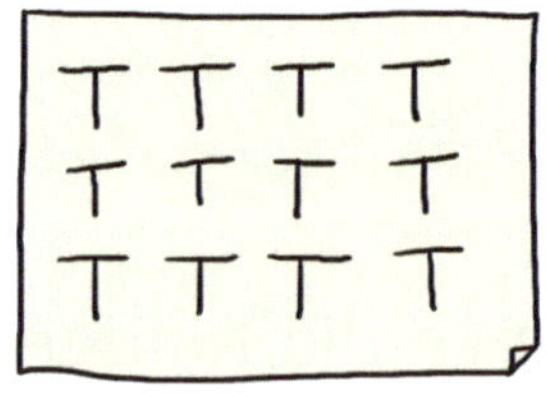

B
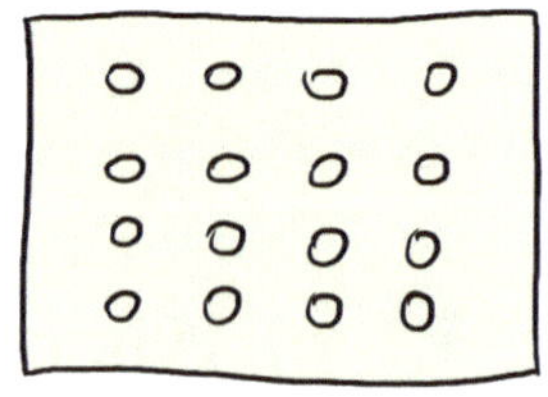

C

D

2 Lisa pflanzt 20 Krokusse.
Immer 5 Krokusse pflanzt sie zusammen in einen Blumenkasten.
Wie viele Kästen kann sie bepflanzen? Löse mit einer Skizze.

3 Welche Skizzen passen? Begründet und löst die Aufgabe.

Nino hat Primeln gepflanzt: 4 Reihen mit je 6 Pflanzen.
Er pflückt eine ganze 6er-Reihe. Wie viele Primeln bleiben ihm noch?

A
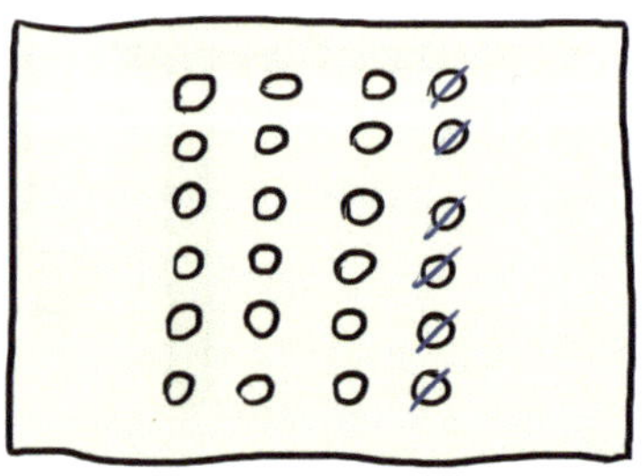

B
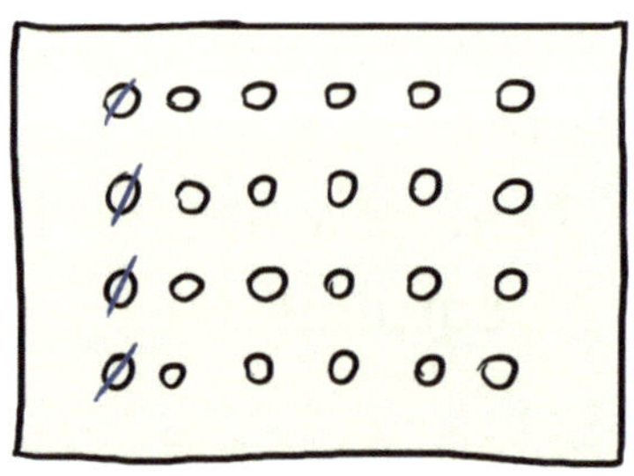

C

4 Nina hat Veilchen gepflanzt: 5 Reihen mit je 7 Pflanzen.
Als sie am Morgen in den Garten kommt, sind rundherum die äußeren Reihen abgefressen.
Wie viele Pflanzen hat sie noch? Löse mit einer Skizze.

5 Andi baut einen Zaun für ein viereckiges Beet.
Jede Seite besteht aus 4 Pfosten.
Wie viele Pfosten braucht Andi? Löse mit einer Skizze.

1 Begriff „Skizze“ klären **2 bis 5** Thematisieren und erkennen, dass jeweils unterschiedliche Skizzen für eine Aufgabe möglich und sinnvoll sind

Wiederholung

① Schreibe die Plusaufgaben und die Malaufgaben.

a)  b)  c) 

② Schreibe und rechne die Geteiltaufgabe.

a) Lege immer 2 Orangen in eine Schüssel.

b) Stelle immer 3 Blumen in eine Vase.

c) Verteile die Muffins an 6 Kinder.

③ a) $2 \cdot 2$, $2 \cdot 4$ b) $3 \cdot 2$, $2 \cdot 3$ c) $5 \cdot 2$, $3 \cdot 5$ d) $4 : 2$, $8 : 4$ e) $12 : 2$, $12 : 6$

④ Bilde die Aufgabenfamilien und rechne.

a) 4, 2, 8 b) 3, 18, 6 c) 2, 7, 14

⑤ Nina und Ali würfeln mit einem Würfel gegeneinander. Ali gewinnt bei allen Zahlen größer als 3. Nina gewinnt bei allen anderen Zahlen. Ist das Spiel gerecht? Begründe.

⑥ Opa hat eine Schachtel Pralinen bekommen: 4 Reihen mit je 4 Pralinen. Er nascht Pralinen aus der Mitte, sodass nur noch Pralinen ringsherum in der Schachtel sind. Wie viele Pralinen bleiben ihm noch? Löse mit einer Skizze.

L Notiere 5 Malaufgaben und 5 Geteiltaufgaben, die du schon sicher rechnen kannst.

Die Seite selbstständig bearbeiten **1 bis 3** Bei Bedarf mit Plättchen arbeiten
5 Mögliche Würfe ggf. in einer Tabelle notieren

AH S. 41 LSH S. 10, 19

Kalender

Monate, Wochen und Tage

1

Bringt unterschiedliche Kalender mit zur Schule.
Überlegt, wozu man Kalender nutzt. Sprecht über die Unterschiede.

2 Schreibe alle Monate in der richtigen Reihenfolge auf.
Notiere jeweils die Anzahl der Tage.

S. 80 Nr. 2

Januar: 31 Tage
Februar:

Ein Jahr hat 12 Monate.

7 Monate eines Jahres haben 31 Tage.
4 Monate eines Jahres haben 30 Tage.
Der Februar hat 28 Tage.

Merkhilfe

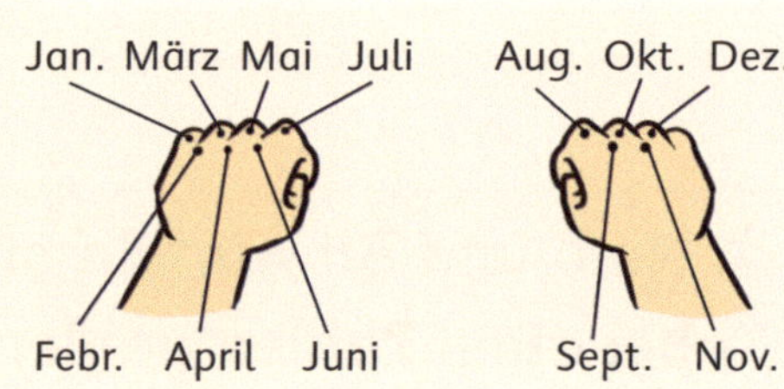

3 Beschreibt, wie ihr euch die Monatslängen leicht merken könnt.

4 Schreibe die Monate auf, in denen Frühlingsanfang, Sommeranfang, Herbstanfang oder Winteranfang ist.

5 Noa sagt: „Mein Bruder ist etwas ganz Besonderes. Er kam am 29. Februar 2016 zur Welt.“ Kann das sein?

Merkkasten: Man kann die Kinder darauf hinweisen, dass in bestimmten Jahren (Schaltjahren) der Februar 29 Tage hat
5 Der Begriff „Schaltjahr“ kann von den Kindern im Internet recherchiert werden

6

Monat Mai						
Montag	Dienstag	Mittwoch	Donnerstag	Freitag	Samstag	**Sonntag**
	1	2	3	4	5	**6**
7	8	9	10	11	12	**13**
14	15	16	17	18	19	**20**
21	22	23	24	25	26	**27**
28	29	30	31			

a) Warum sind in einer Zeile immer 7 Wochentage angeordnet?
b) Manche Zahlen sind rot gedruckt. Weshalb?
c) Manche Zahlen sind blau gedruckt. Weshalb?
d) Warum ist der 1. Mai rot gedruckt?

7 Wie viele Tage haben a) 1 Woche, b) 2 Wochen, c) 3 Wochen?

8 Wie viele Wochen sind a) 14 Tage, b) 28 Tage, c) 35 Tage?

9

Monat Juni						
Mo.	Di.	Mi.	Do.	Fr.	Sa.	**So.**
				1	2	**3**
4	5	6	7	8	9	**10**

a) Was bedeuten Mo., Di., Mi., …?
Schreibe im Heft auf.
b) Wäre es nicht besser, nur M, D, M, … als Abkürzungen zu nehmen? Begründe.

10

11 Nimm einen aktuellen Kalender für die Monate Januar bis März.

a) Notiere, auf welche Wochentage im Januar der 1., 8., 15., 22. und der 29. fallen.
b) Welche Wochentage sind diese Tage im Februar und im März?
c) Was fällt dir auf? Wie erklärst du dir das?

6 Zusätzlich die unterschiedliche Farbgestaltung von Monatskalendern ansprechen (z. B. Samstage in Grau, …) und Beispiele dafür mitbringen **11** Ergänzend kann besprochen werden, dass das in b) und c) Thematisierte nicht für Schaltjahre gilt

Arbeitsheft S. 42

Kalender und Datum

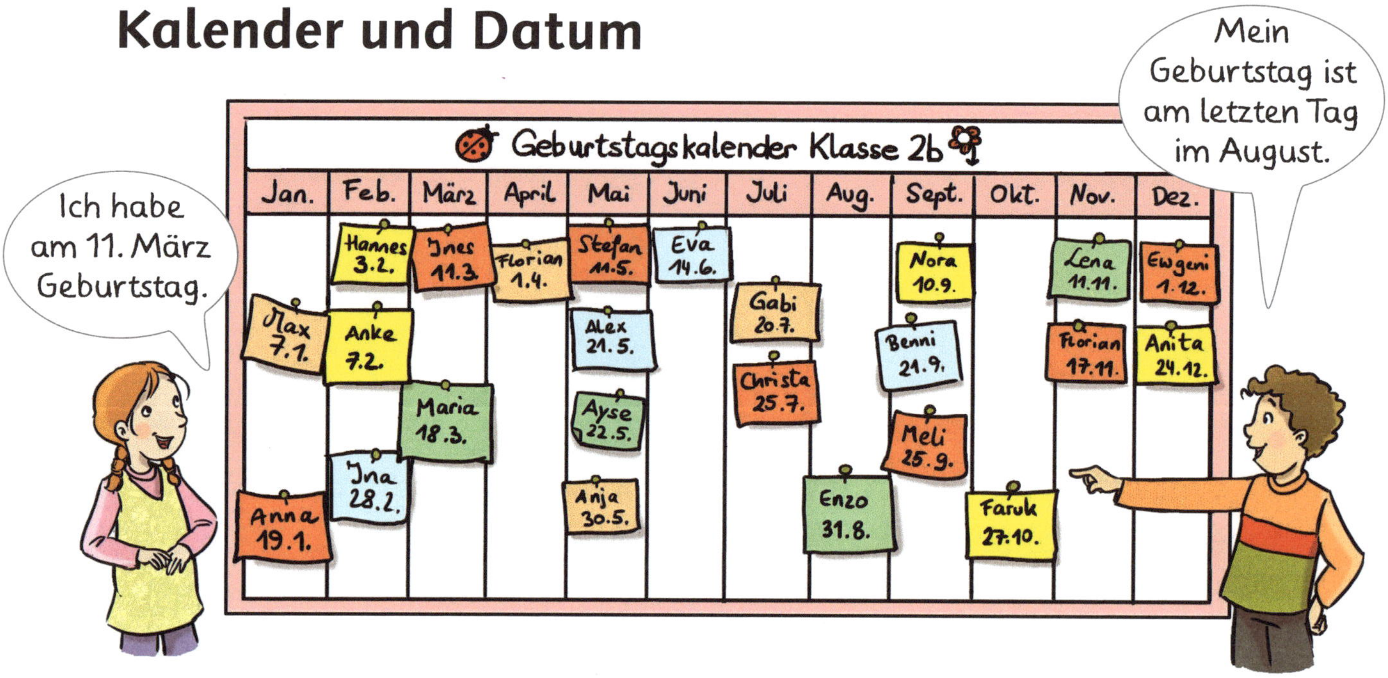

1 Schreibe die Namen der beiden Kinder und deren Geburtstag auf.

2 Welche Kinder der Klasse 2b haben an diesen Tagen Geburtstag? Ordne nach dem Jahresablauf. Beginne mit dem Januar.

20. Juli	3. Februar	27. Oktober	10. September
1. April	14. Juni	7. Januar	24. Dezember

S. 82 Nr. 2

7. Januar: Max
3. Februar:

3 Welche Kinder sagen diese Sätze?

a) „Ich habe einen Tag vor Ayse Geburtstag."
b) „Ich habe einen Monat nach Max Geburtstag."
c) „Mein Geburtstag ist 2 Wochen nach Marias Geburtstag."

! Ein Datum gibt den Tag, den Monat und das Jahr an.

Ohne Wochentag:	1. Januar 2025	1.1.2025
Mit Wochentag:	Mittwoch, 1. Januar 2025	Mittwoch, 1.1.2025

4 Schreibe das jeweilige Datum mit dem Wochentag auf.

a) von heute, von morgen und von übermorgen
b) von gestern und von vorgestern
c) von heute in 2 Wochen

1 bis 3 Aufgaben mit dem dargestellten Geburtstagskalender lösen; über Geburtstagskalender sprechen; dabei Beispiele in der Klasse verwenden oder erstellen
4 Zum Bestimmen des Datums und des Wochentages Kalender nutzen

5 Auf welche Wochentage fallen die Geburtstage in diesem Jahr?
Notiere das Datum jeweils mit Wochentag. Schreibe die Monate aus.

Mila	Nikolaus	Lena	Leo	Jojo
1. Mai	6. Dez.	31.8.	28.1.	

6 a) Zeigt eure Geburtstage in einem Kalender aus diesem Jahr. Schreibt das Datum jeweils mit dem Wochentag auf.

b) Fragt eure Eltern, an welchem Wochentag ihr geboren wurdet.

c) Ihr könnt im Internet unter dem Suchwort „Ewiger Kalender" die Angaben eurer Eltern überprüfen.

7 Auf welche Wochentage fallen die Tage in diesem Jahr?

a)
- 1. Januar
- 1. April
- 1. August
- 1. November

b)
- 1. Mai
- 3. Oktober
- 24. Dezember
- 31. Dezember

c)
- 1. Tag der Osterferien
- 1. Tag der Sommerferien
- 1. Tag im nächsten Schuljahr
- 1. Tag der Weihnachtsferien

8

Toms Eltern haben sich dieses Frühjahr beim Züchter einen kleinen Hund ausgesucht.
Der Welpe wurde am 26. März geboren. Im Alter von 10 Wochen darf Tom das Tier nach Hause holen.
Wann wird das sein? Schreibe das Datum auf.

6 Mithilfe des „Ewigen Kalenders" können die Wochentage weiterer, für die Kinder interessanter Datumsangaben ermittelt werden

13

Das Einmaleins (I)

Einmaleins mit 10 und 5

1

a) Wie viele Kinder siehst du? Wie viele Finger sind es?
b) Wie viele Finger haben 3 Kinder?
c) Wie viele Finger haben 6 Kinder?

2 Legt eine Tabelle an.

Kinder	1	2	3	4	5	6	7	8	9	10
Finger	10	20	▢	40	▢	▢	▢	▢	▢	▢

3 Schreibe zu jedem Bild eine Plusaufgabe und eine Malaufgabe.

a) 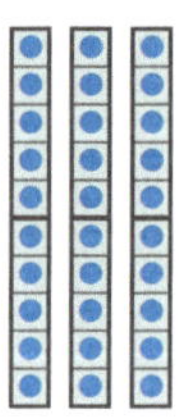
b) 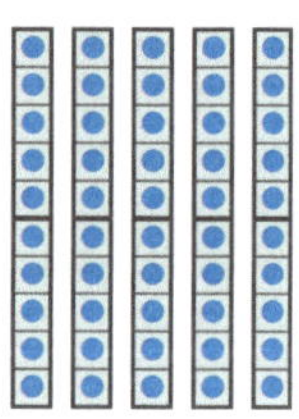
c) 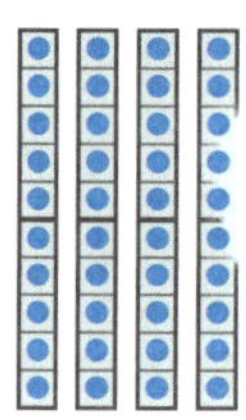
d) 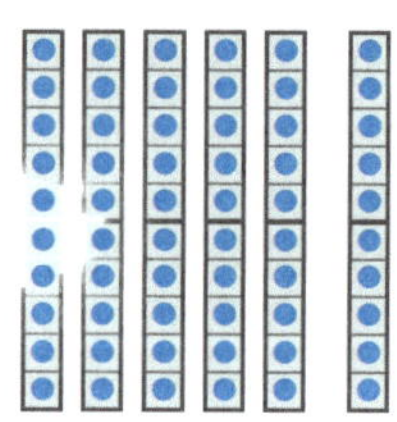

S. 84 Nr. 3
a) 10 + 10 + 10 =
3 · 10 =

4 Male Bilder zu den Aufgaben und löse sie.

a) 2 · 10 b) 4 · 10 c) 5 · 10 d) 3 · 10 e) 6 · 10

5

a) 1 · 10
2 · 10

b) 3 · 10
4 · 10

c) 5 · 10
6 · 10

d) 7 · 10
8 · 10

e) 9 · 10
10 · 10

6 Wie oft?

a) 20 = ▢ · 10
50 = ▢ · 10

b) 30 = ▢ · 10
60 = ▢ · 10

c) 40 = ▢ · 10
80 = ▢ · 10

d) 90 = ▢ · 10
100 = ▢ · 10

7 Zeigt, welche Aufgaben ihr schon auswendig könnt.

1 · 10 | 2 · 10 | 3 · 10 | 4 · 10 | 5 · 10 | 6 · 10 | 7 · 10 | 8 · 10 | 9 · 10 | 10 · 10

1 Situation nachspielen **2** Alle Aufgaben und Lösungen der 10er-Reihe selbst ermitteln
4 Unterschiedliche Bilder anschauen und besprechen **5 und 6** Bei Bedarf mit Zehnerstreifen oder Plättchen arbeiten; Zusammenhang Multiplikation und Division besprechen

8

a) Wie viele Kinder siehst du? Wie viele Finger zeigen sie?

b) Wie viele Finger zeigen 3 Kinder?

9 Legt eine Tabelle bis 10 Kinder an.

Kinder	1	2	3	4	5	6
Finger	5					

10 Schreibe immer eine Plusaufgabe und eine Malaufgabe.

a) 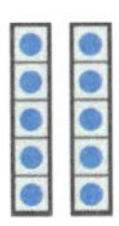 b) 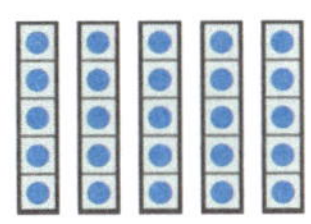 c) 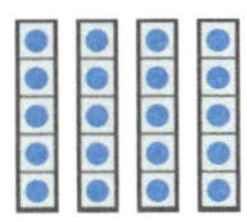 d) 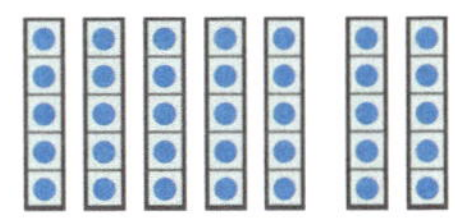

S.	8	5	Nr.	1	0	
a)		5	+	5	=	
		2	·	5	=	

11 Zeichne eigene Bilder zu den Malaufgaben.

a) $2 \cdot 5$ b) $4 \cdot 5$ c) $3 \cdot 5$ d) $6 \cdot 5$ e) $5 \cdot 5$

12 Zählt in Zehnerschritten, dann in Fünferschritten und vergleicht.

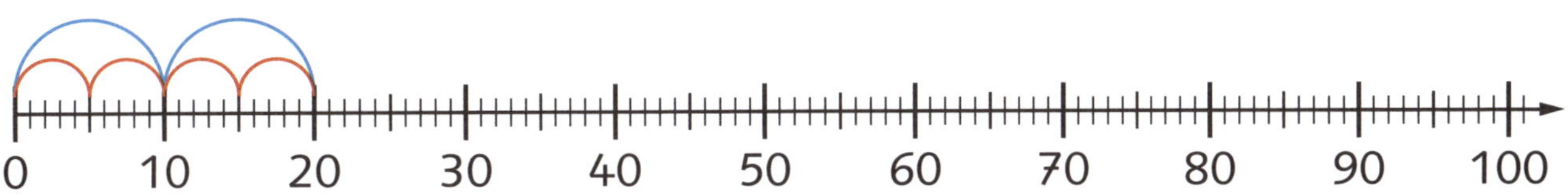

13

a) $2 \cdot 10$, $4 \cdot 10$, $8 \cdot 10$, $10 \cdot 10$

b) $2 \cdot 5$, $4 \cdot 5$, $8 \cdot 5$, $10 \cdot 5$

c) $4 \cdot 10$, $4 \cdot 5$, $6 \cdot 10$, $6 \cdot 5$

d) $6 \cdot 10$, $3 \cdot 5$, $2 \cdot 10$, $4 \cdot 5$

e) $4 \cdot 10$, $8 \cdot 5$, $5 \cdot 10$, $10 \cdot 5$

14 Zeigt, welche Aufgaben ihr schon auswendig könnt.

$1 \cdot 5$ | $2 \cdot 5$ | $3 \cdot 5$ | $4 \cdot 5$ | $5 \cdot 5$ | $6 \cdot 5$ | $7 \cdot 5$ | $8 \cdot 5$ | $9 \cdot 5$ | $10 \cdot 5$

8 Situation nachspielen **9** Vollständige 5er-Reihe selbst ermitteln **11** Unterschiedliche Bilder anschauen und besprechen **13** Bei Bedarf mit Material legen

Einmaleins mit 2

1

a) Beschreibt, wie die Kinder rechnen.

b) Rechnet die anderen Aufgaben auf dem Tisch genauso.

2 Legt eine Tabelle bis zur Zahl 10 an.

Zahl	1	2	3	4	5	6
2-mal						

3 Schreibe zu jedem Bild Malaufgaben.

a)  b)  c)  d)  e) 

4 a) Zeichnet eigene Bilder zu den Malaufgaben $3 \cdot 2$ und $4 \cdot 2$.

b) Wie könnt ihr aus dem Bild zu $4 \cdot 2$ ein Bild zu $5 \cdot 2$ machen?

5

a)	b)	c)	d)	e)
$10 \cdot 2$	$1 \cdot 2$	$4 \cdot 2$	$3 \cdot 2$	$7 \cdot 2$
$5 \cdot 2$	$2 \cdot 2$	$8 \cdot 2$	$6 \cdot 2$	$9 \cdot 2$

6 Wie oft?

a)	b)	c)	d)
$10 = \square \cdot 2$	$6 = \square \cdot 2$	$8 = \square \cdot 2$	$20 = \square \cdot 2$
$4 = \square \cdot 2$	$2 = \square \cdot 2$	$12 = \square \cdot 2$	$16 = \square \cdot 2$

7 Finde die Lösungen mithilfe der Umkehraufgaben.

a)	b)	c)	d)
$4 : 2$	$10 : 2$	$6 : 2$	$12 : 2$
$8 : 2$	$20 : 2$	$2 : 2$	$14 : 2$

S. 86 Nr. 7

a) 4 : 2 = 2

2 · 2 =

8 Zeigt, welche Aufgaben ihr schon auswendig könnt.

$1 \cdot 2$ | $2 \cdot 2$ | $3 \cdot 2$ | $4 \cdot 2$ | $5 \cdot 2$ | $6 \cdot 2$ | $7 \cdot 2$ | $8 \cdot 2$ | $9 \cdot 2$ | $10 \cdot 2$

1 Verdoppeln als bekannte Operation nutzen **2** Vollständige 2er-Reihe selbst ermitteln **4** Die Veränderung von einem Bild zum anderen betrachten und erklären **5 bis 7** Bei Bedarf mit Plättchen legen; Halbieren als bekannte Operation nutzen

Übungen zum Einmaleins mit 10, 5 und 2

1

a) 3 · 10, 6 · 10, 4 · 10, 8 · 10

b) 4 · 5, 8 · 5, 3 · 5, 6 · 5

c) 2 · 2, 4 · 2, 6 · 2, 8 · 2

d) 7 · 10, 7 · 5, 9 · 2, 2 · 5

e) 9 · 10, 9 · 5, 5 · 2, 7 · 2

2

a) 20 : 10, 40 : 10, 50 : 10

b) 20 : 5, 40 : 5, 50 : 5

c) 8 : 2, 12 : 2, 16 : 2

d) 30 : 10, 30 : 5, 10 : 2

e) 70 : 10, 35 : 5, 14 : 2

3

a) 2 · 1, 5 · 1, 7 · 1

b) 2 · 0, 5 · 0, 8 · 0

c) 0 · 2, 0 · 4, 0 · 9

4

a)

·	1	2
1		
3		
6		
9		

b)

·	1	10
2		
4		
8		
10		

c)

·	10	5
5		
3		
6		
9		

5 Zeigt am Zahlenstrahl.

a) 2 · 10, 4 · 5

b) 4 · 10, 8 · 5

c) 5 · 10, 10 · 5

d) 10 · 10, 10 · 5

e) 8 · 10, 8 · 5

6

a) 10 · 3, 10 · 6, 10 · 7

b) 5 · 6, 5 · 9, 5 · 8

c) 2 · 7, 2 · 6, 2 · 8

d) 5 · 7, 2 · 9, 10 · 8

1 bis 4 Bei Bedarf mit Plättchen legen **3** Multiplikation mit 1 und 0 besprechen
4 Beziehungen zwischen den Ergebnissen der ersten und zweiten Spalte besprechen
5 Zusammenhänge zwischen den Aufgaben in den Päckchen thematisieren

Arbeitsheft S. 45

Schlüsselaufgaben

1

Erklärt, warum diese Aufgaben leicht sind. Löst sie.

2 a) 1 · 5
2 · 5

b) 1 · 4
2 · 4

c) 10 · 4
5 · 4

d) 1 · 6
2 · 6

e) 10 · 6
5 · 6

3 Zeichne die Tabellen bis zur Zahl 10 und ergänze sie.

a)

Zahl	1	2
1-mal	1	▪
2-mal	2	▪

b)

Zahl	1	2
10-mal	10	▪
5-mal	5	▪

!

Malaufgaben mit 1, 2, 10 und 5 sind leicht.
Wir nennen sie **Schlüsselaufgaben**.

1 · 4 = 4
2 · 4 = 8 — 2-mal ist das Doppelte von 1-mal.

10 · 4 = 40
5 · 4 = 20 — 5-mal ist die Hälfte von 10-mal.

4

a) 1 · 3
2 · 3
10 · 3
5 · 3

b) 10 · 6
5 · 6
1 · 6
2 · 6

c) 1 · 4
2 · 4
10 · 4
5 · 4

d) 10 · 8
5 · 8
1 · 8
2 · 8

1 Erarbeiten, dass Malaufgaben mit 1, 2, 10 und 5 besonders einfach sind; die Zusammenhänge zwischen den Aufgaben besprechen: Verdoppeln und Halbieren (Anknüpfung an Vorkenntnisse)
3 Tabellen bis zur Zahl 10 ergänzen; Zusammenhänge nutzen

Einmaleins: Schlüsselaufgaben

RECHENSTRATEGIE

Die Malaufgaben mit 1, 2, 10 und 5 sind Schlüsselaufgaben. Nutze sie zum Lösen anderer Malaufgaben.

1 · 4 = 4
2 · 4 = 8

2-mal ist das Doppelte von 1-mal.

10 · 4 = 40
5 · 4 = 20

5-mal ist die Hälfte von 10-mal.

5 Erklärt die Lösungswege der Kinder.

Ali

4 · 4

Nina

6 Wie haben die Kinder gerechnet? Erklärt.

a) 3 · 4

2 · 4 = 8
1 · 4 = 4
3 · 4 = 12

Andi

b) 6 · 4

5 · 4 = 20
1 · 4 = 4
6 · 4 = 24

Verena

c) 9 · 4

10 · 4 = 40
1 · 4 = 4
9 · 4 = 36

Toni

7 Wie rechnest du?

a)	b)	c)	d)
10 · 3	2 · 3	10 · 6	2 · 6
9 · 3	3 · 3	9 · 6	3 · 6
5 · 3	6 · 3	5 · 6	7 · 6
4 · 3	7 · 3	4 · 6	8 · 6

S. 89 Nr. 7

a) 10 · 3 =
9 · 3 =
5 · 3 =

Einmaleins mit 4 und 8

1

a) Wie viele Pizzen siehst du? Wie viele Stücke sind es?

b) Wie viele Stücke sind es bei 3 Pizzen?

c) Reichen 4 Pizzen für 15 Kinder?

2 Legt eine Tabelle bis 10 Pizzen an.

Pizzen	1	2	3	
Stücke	4			

3 Schreibe zu jedem Bild Malaufgaben.

a) 

b) 

c) 

d) 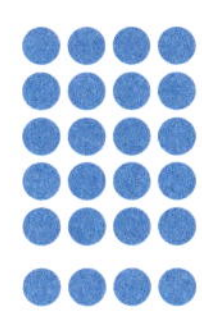

e) 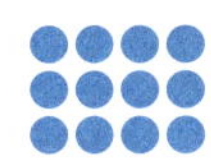

4 Zeichne eigene Bilder zu den Malaufgaben.

a) 2 · 4 b) 3 · 4 c) 6 · 4 d) 4 · 4 e) 5 · 4

5 Löse die Aufgaben mithilfe der Schlüsselaufgaben. Erkläre dein Vorgehen.

a)	b)	c)	d)
2 · 4	5 · 4	10 · 4	5 · 4
3 · 4	6 · 4	9 · 4	7 · 4
4 · 4	7 · 4	8 · 4	9 · 4

6 Wie oft?

a)	b)	c)	d)
8 = ▢ · 4	4 = ▢ · 4	24 = ▢ · 4	28 = ▢ · 4
12 = ▢ · 4	16 = ▢ · 4	40 = ▢ · 4	32 = ▢ · 4

7 Zeigt, welche Aufgaben ihr schon auswendig könnt.

1 · 4 | 2 · 4 | 3 · 4 | 4 · 4 | 5 · 4 | 6 · 4 | 7 · 4 | 8 · 4 | 9 · 4 | 10 · 4

1 Situation nachspielen **2** Vollständige 4er-Reihe selbst ermitteln **3** Zusammenhang zwischen den Aufgaben besprechen **4** Unterschiedliche Bilder anschauen und besprechen **5** Bei Bedarf mit Plättchen arbeiten

8

a) Wie viele Pizzen siehst du? Wie viele Stücke sind es?

b) Wie viele Stücke sind es bei 3 Pizzen?

9 Legt eine Tabelle bis 10 Pizzen an.

Pizzen	1	2	3	4
Stücke	8			

10

a) 2 · 8
3 · 8
4 · 8

b) 5 · 8
6 · 8
7 · 8

c) 10 · 8
9 · 8
8 · 8

d) 5 · 8
7 · 8
9 · 8

11

a) 2 · 4
4 · 4
8 · 4

b) 2 · 8
4 · 8
8 · 8

c) 1 · 4
3 · 4
1 · 8

d) 5 · 8
0 · 4
9 · 8

e) 0 · 8
9 · 4
7 · 8

12 Wie oft?

a) 16 = ☐ · 4
16 = ☐ · 8

b) 24 = ☐ · 4
24 = ☐ · 8

c) 32 = ☐ · 4
32 = ☐ · 8

d) 40 = ☐ · 4
40 = ☐ · 8

13

a) 24 : 4
36 : 4
40 : 4

b) 32 : 8
40 : 8
56 : 8

c) 32 : 4
64 : 8
16 : 4

14 Zeigt, welche Aufgaben ihr schon auswendig könnt.

1 · 8 | 2 · 8 | 3 · 8 | 4 · 8 | 5 · 8 | 6 · 8 | 7 · 8 | 8 · 8 | 9 · 8 | 10 · 8

8 Situation nachspielen **9** Vollständige 8er-Reihe selbst ermitteln **10 bis 13** Bei Bedarf mit Material legen und Zusammenhang zwischen 8er- und 4er-Reihe besprechen (die Hälfte bzw. das Doppelte)

Übungen zum Multiplizieren und Dividieren

1 a) Male ein Bild zur Aufgabe 5 · 4. Mache daraus ein Bild zu 6 · 4.
b) Male ein Bild zur Aufgabe 2 · 5. Mache daraus ein Bild zu 4 · 5.
c) Male ein Bild zur Aufgabe 10 · 2. Mache daraus ein Bild zu 9 · 2.

2

a)	b)	c)	d)	e)
1 · 8	1 · 4	8 · 2	9 · 1	7 · 8
2 · 8	2 · 4	6 · 4	6 · 2	0 · 8
10 · 8	10 · 4	7 · 5	9 · 4	6 · 5
5 · 8	5 · 4	6 · 8	5 · 5	7 · 2

3 a)

·	2	10	5
3			
7			
9			

b)

·	2	4	8
4			
6			
8			

c)

·			6
2		16	
10	40		
5			

4 Rechne Aufgabe und Umkehraufgabe.

a)	b)	c)	d)
10 : 2	12 : 4	24 : 8	30 : 5
15 : 5	45 : 5	14 : 2	40 : 8
28 : 4	32 : 8	36 : 4	56 : 8

S. 92 Nr. 4
a) 10 : 2 = 5
5 · 2 = 10

5

a)	b)	c)	d)
8 · 2 = ✱	✱ · 4 = 20	4 · 8 = ✱	✱ · 10 = 60
✱ · 5 = 40	6 · 2 = ✱	✱ · 4 = 36	3 · 8 = ✱
6 · ✱ = 30	7 · ✱ = 70	7 · ✱ = 35	7 · ✱ = 28

6 Bilde die Aufgabenfamilien und rechne.

a) 7, 5, 35
b) 6, 4, 24
c) 3, 4, ◯
d) ◯, 8, 40

S. 92 Nr. 6
a) 7 · 5 =
5 · 7 =
35 : 5 =
35 : 7 =

7 a) Finde alle Malaufgaben mit dem Ergebnis 16.
b) Finde alle Malaufgaben mit dem Ergebnis 20.

1 Veränderungen bei den Bildern thematisieren 2 Schlüsselaufgaben lösen; Ergebnisse der anderen Aufgaben ableiten 4 und 5 Zusammenhang zwischen Multiplikation und Division nutzen 7 Begriffe „multiplizieren", „dividieren", „Mal- und Geteiltaufgaben" thematisieren

Gerade und ungerade Zahlen

1

a) Können sich Ali und Lisa die blauen Sticker gerecht teilen? Lege und erkläre.

b) Können sie sich die roten Sticker gerecht teilen? Lege und begründe.

2 Ali will alle geraden Zahlen von 10 bis 30 aufschreiben.

10, 12, 14, …
20, 22, 24, …

a) Setzt fort.
Was könnte Lisa aufgefallen sein?

b) Notiert alle geraden Zahlen von 30 bis 50. Überprüft eure Vermutung.

3 Nenne eine Zahl. Dein Partner sagt, ob sie gerade oder ungerade ist.

!

Zahlen mit der Einerstelle 0, 2, 4, 6 oder 8 nennt man **gerade Zahlen**.
Gerade Zahlen kann man halbieren. Sie sind durch 2 teilbar.
Zahlen mit der Einerstelle 1, 3, 5, 7 oder 9 nennt man **ungerade Zahlen**.

4 Welche Zahlen sind gerade? Welche Zahlen sind ungerade?

a) 12 21 13 26
27 20 15 34

b) 31 42 59 63
18 27 16 44

S. 93 Nr. 4
a) gerade: 12,
ungerade: 13,

5 a) Schreibe alle Zahlen zwischen 50 und 80 auf, die durch 2 teilbar sind.

b) Schreibe alle Zahlen bis zur 30 auf, die nicht durch 2 teilbar sind.

6 Stimmt das? Begründe.

a) In der 4er-Reihe sind alle Ergebnisse gerade Zahlen.

b) In der 5er-Reihe sind alle Ergebnisse ungerade Zahlen.

1 Mit Plättchen ausprobieren, welche Anzahlen sich halbieren lassen **2 bis 4** Einerstellen zum Erkennen von geraden/ungeraden Zahlen nutzen (Wiederholung aus Kl. 1) **5** Festigen der Erkenntnis: Gerade Zahlen sind durch 2 teilbar

Sachrechnen: Rechengeschichten und Rechnungen

1 Welche Rechnung passt? Begründe.

Andi kauft 5 Springseile.
Wie viel muss er bezahlen?

4 · 5€

5 · 4€

4€ + 4€ + 4€ + 4€ + 4€

2 Schreibe passende Rechnungen auf.

a) Frau Peters kauft 2 rote und 2 blaue Softbälle für die Klasse 2b. Wie viel muss sie bezahlen?

b) Nils hat 20€. Wie viele Springseile kann er dafür kaufen?

3 Welche Rechengeschichte passt?

a) 3 · 8€

b) 5€ + 8€

A Lisa kauft zwei Springseile und einen Softball.

B Lisa kauft zwei Softbälle und ein Klettball-Set.

C Lisa kauft einen Wurfring und einen Softball.

D Lisa kauft drei Wurfringe.

4 Was können die Kinder gekauft haben?
Schreibe passende Rechengeschichten zu den Aufgaben.

a)

Anita

5€ + 4€

b)

Toni

3 · 4€

c)

Verena

2 · 8€ + 5€

1 und 3 Gegebene Rechnungen und Sachzusammenhang untersuchen; Passung begründen; besprechen, dass die gleichen Zahlen unterschiedliche Beziehungen haben können
4 Mit den Informationen der Einstiegsgrafik eigene Rechengeschichten schreiben

(5) Wie viel kostet es? Notiere die Rechnung.

a) 

b) 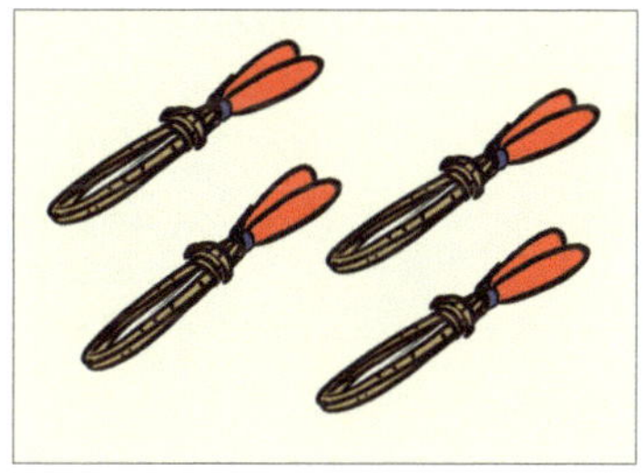

c) 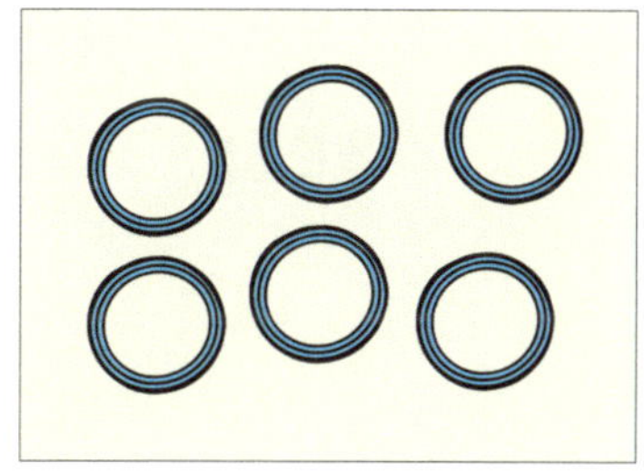

(6) Notiere die Rechnung und einen passenden Antwortsatz.

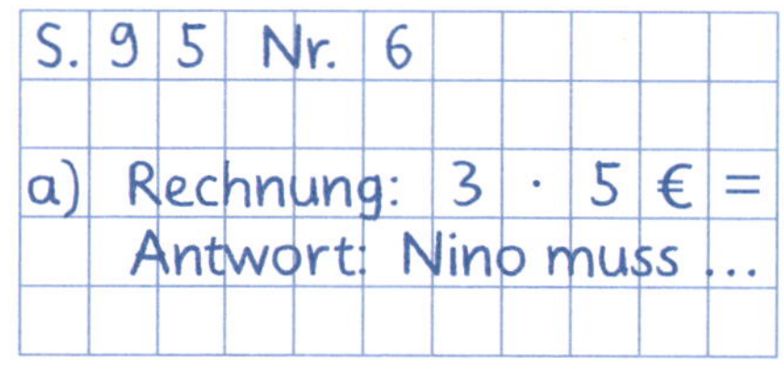

a) Nino kauft 3 Wurfringe.
Wie viel muss er bezahlen?

b) Sulola hat für 24 € Springseile gekauft.
Wie viele Springseile hat sie gekauft?

c) Noa will 3 Softbälle kaufen. Er hat 20 €.
Wie viel Geld fehlt ihm noch?

d) Prüfe, ob deine Antwortsätze jeweils zur Frage passen.

(7) Lara, Ali und Nina wollen bezahlen. Reicht das Geld?
Schätze zuerst, rechne dann.

(8) Wie viel kostet es ungefähr? Reichen 20 Euro?

a) 2 Softbälle und 2 Wurfringe

b) 2 Wurfringe und 2 Springseile

c) 1 Softball und 2 Springseile

(9) 

a) Erfindet eigene Rechengeschichten zum Prospekt auf Seite 94.
Schreibt sie mit einer passenden Frage auf ein Blatt.

b) Tauscht die Aufgabenblätter untereinander.
Löst die Aufgaben und notiert Rechnung und Antwortsatz.

c) Besprecht eure Ergebnisse. Prüft, ob der Antwortsatz zur Frage passt.

6 Hinweis: vor Formulierung der Antwort die Frage nochmals lesen
7 und 8 Rechnen nicht unbedingt erforderlich, begründetes Schätzen üben

Wiederholung

1 Schreibe zu jedem Bild Plusaufgaben und Malaufgaben.

a) 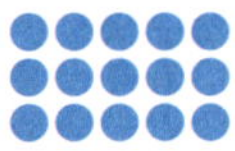   b)    c) 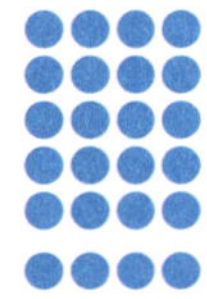   d) 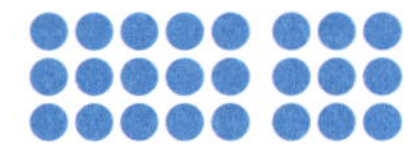

2 Zeichne eigene Bilder zu den Malaufgaben.

a) 7 · 2   b) 4 · 5   c) 5 · 4   d) 4 · 10   e) 3 · 8

3

a)	b)	c)	d)	e)
8 · 2	6 · 8	2 · 2	4 · 10	3 · 10
4 · 4	3 · 8	4 · 2	8 · 5	3 · 5
2 · 8	6 · 4	8 · 2	5 · 8	6 · 5

4 Wie oft?

a)	b)	c)	d)
10 = ☐ · 2	15 = ☐ · 5	32 = ☐ · 8	56 = ☐ · 8
16 = ☐ · 4	12 = ☐ · 2	35 = ☐ · 5	16 = ☐ · 2
24 = ☐ · 8	36 = ☐ · 4	28 = ☐ · 4	45 = ☐ · 5

5 

a)	b)	c)	d)
24 : 4	20 : 2	36 : 4	18 : 2
20 : 5	48 : 8	25 : 5	64 : 8
32 : 8	50 : 5	14 : 2	32 : 4

6 Bilde die Aufgabenfamilien.

a) 6, 5, 30   b) 9, ☐, 36   c) ☐, 7, 56

7 

a) Nils kauft 20 Tischtennisbälle. Wie viel muss er bezahlen?
b) Ina kauft Tischtennisbälle. Sie bezahlt 12 €.
Wie viele Tischtennisbälle hat sie gekauft?

8

a)	b)	c)	d)
5 · ✹ (gelb) = 25	✹ (rot) · 2 = 18	6 · ✹ (blau) = 24	✹ (gelb) · 8 = 72
9 · 4 = ✹ (blau)	6 · ✹ (gelb) = 48	✹ (grün) · 5 = 35	9 · ✹ (rot) = 36

Schreibe 3 Aufgabenfamilien auf, die du auswendig weißt.

Die Seite selbstständig bearbeiten; bei der Auswertung darauf achten, welche Einmaleinsreihen schon sicher beherrscht werden **5** Die Divisionsaufgaben über die entsprechenden Umkehraufgaben lösen

Projekt: Gesunde Ernährung

1

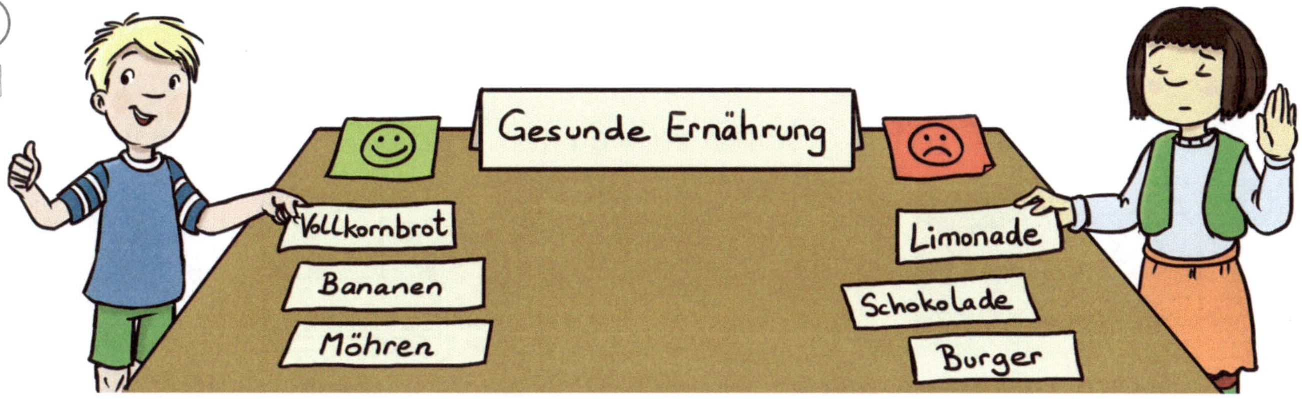

a) Schreibt verschiedene Lebensmittel auf einzelne Zettel.
b) Informiert euch in Büchern und im Internet über gesunde Ernährung.
c) Sortiert die Zettel gemeinsam. Begründet eure Entscheidung.

2 Führt eine Umfrage in eurer Klasse durch.
Legt eine Tabelle an. Notiert die Ergebnisse als Strichliste.

a) Wie oft isst du Obst?   b) Wie oft isst du Gemüse?

Ich esse	jeden Tag	4–5 mal pro Woche	2–3 mal pro Woche	sehr selten
Obst				
Gemüse				

3 Die Klasse 2b plant ein gesundes Frühstück in der Klasse.
a) Übertrage die Tabelle ins Heft und fülle sie aus.

Früchtemüsli
(für 4 Personen)
4 Bananen
3 Äpfel
2 Orangen
1 Zitrone
200 g Haferflocken
Honig

Zubereitung:
Obst schälen und in kleine Stücke schneiden, in eine Schüssel geben, Zitronensaft über das Obst geben, mischen, Haferflocken dazugeben, alles vermischen, mit Honig süßen

Personen	4	20
Bananen		
Äpfel		
Orangen		
…		

b) Bereitet das Früchtemüsli in eurer Klasse zu.

4 a) Sucht im Internet nach weiteren Rezepten für gesunde Speisen.
b) Erstellt eine Rezeptesammlung.

1 Über gesundes Frühstück und gesunde Ernährung sprechen; fächerübergreifend im Sachunterricht vertiefen 2 Strichliste ausfüllen, anschließend die Anzahlen notieren
3 Mengen proportional umrechnen; Mengen für die eigene Klasse ermitteln, ggf. „runden“

Uhrzeiten

Stunden und Minuten

1 a) Welche Uhrzeiten gehören zu welchem Bild?

b) Erzählt von eurem Tagesablauf. Nennt und zeigt dazu die Uhrzeiten.

2 Stellt die Uhrzeiten auf eurer Lernuhr ein. Beschreibt, wo Stundenzeiger und Minutenzeiger stehen. Was macht ihr zu diesen Uhrzeiten?

a) 8 Uhr morgens b) 12 Uhr mittags c) 16.00 d) 20 Uhr
e) 10 Uhr morgens f) 22 Uhr g) 14.00 h) Mitternacht

!

Stundenzeiger
Minutenzeiger

Ein Tag ist in zweimal 12 Stunden eingeteilt.
1 Tag = 24 Stunden 1 Tag = 24 h

Eine Stunde ist in 60 Minuten unterteilt.
1 Stunde = 60 Minuten 1 h = 60 min

3 Lies die Uhrzeiten ab. Notiere beide Möglichkeiten.

a) b) c) d)

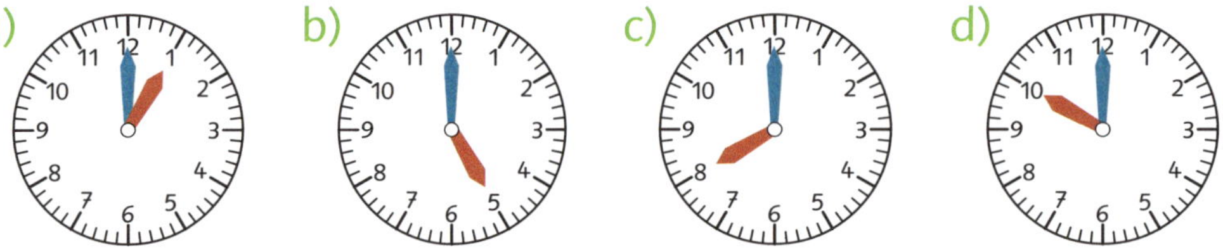

S.	9	8	Nr.		3
a)			1	Uhr	
		1	3	Uhr	

4 a) Wie oft zeigt der Stundenzeiger an einem Tag auf „12"?
b) Wie oft zeigt der Minutenzeiger an einem Tag auf „12"?

Lernuhr (Beilage) einsetzen **Merkkasten:** Laufrichtung der Uhrzeiger besprechen; die Drehrichtung „rechts" ist vom Lauf des Schattens auf Sonnenuhren abgeleitet; auf der Nordhalbkugel wandert der Schatten des Stabes nach rechts

5 Stelle an der Lernuhr ein. Lies beide Uhrzeiten ab.

a) b) c) d)

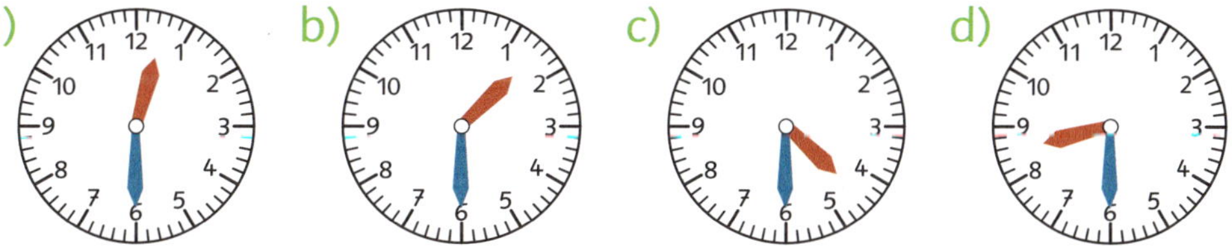

S.	9	9	Nr.	5	
a)		0.	3	0	Uhr
	1	2.	3	0	Uhr

6 Stelle an der Lernuhr ein. Lies beide Uhrzeiten ab.

a) b) c) d)

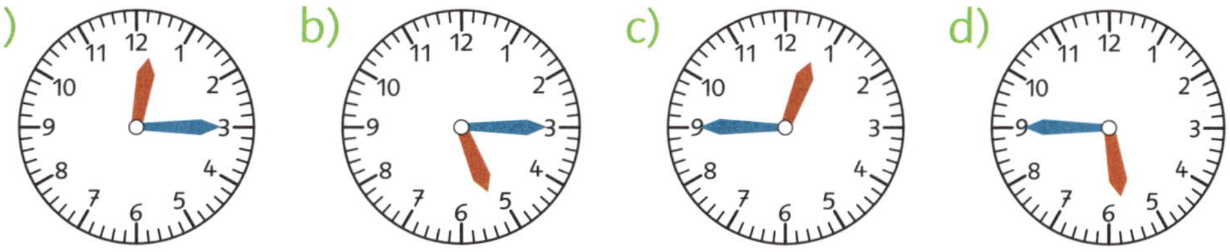

S.	9	9	Nr.	6	
a)		0.	1	5	Uhr
	1	2.	1	5	Uhr

7 Wie viele Minuten sind seit 8 Uhr vergangen?

a) b) c) d) e)

!

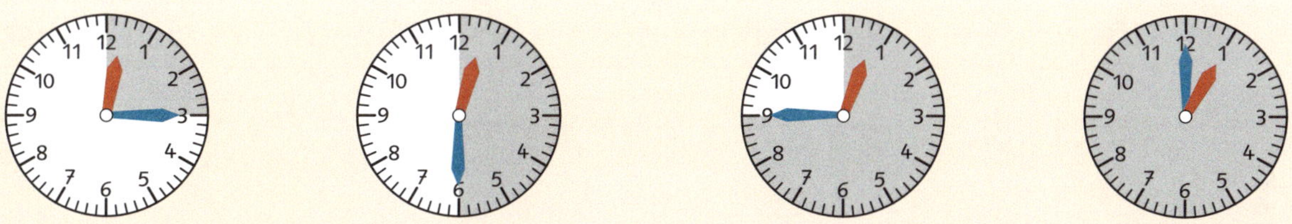

eine Viertelstunde: 15 Minuten | eine halbe Stunde: 30 Minuten | eine Dreiviertelstunde: 45 Minuten | eine Stunde: 60 Minuten

8 Wie viele Minuten sind seit der letzten vollen Stunde vergangen?

a) b) c) d) e)

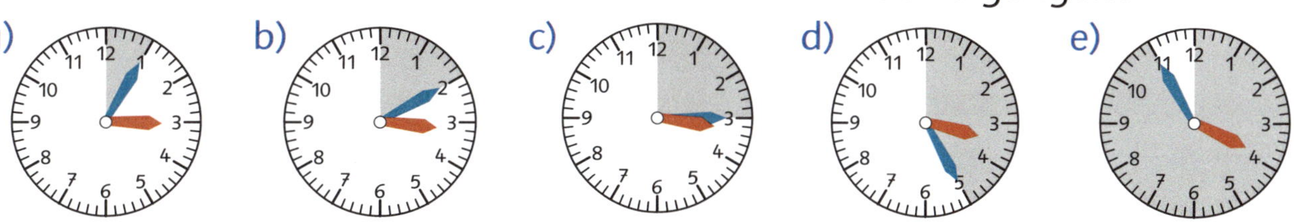

9 Nennt euch die Uhrzeiten und stellt sie an der Lernuhr ein.

07:15 | 07:30 | 07:45 | 08:10 | 09:40 | 15:10 | 20:15

Auf regionale Besonderheiten bei der Sprechweise achten („Viertel nach", ...)
1 bis 8 Lernuhr (Beilage) als Hilfsmittel nach Bedarf einsetzen

Arbeitsheft S. 51

Zeitspannen vergleichen und ordnen

1

Was dauert am längsten? Schätzt und ordnet.

A Von 1 bis 30 zählen

B Das Alphabet von A bis Z aufsagen

C 20-mal mit einem Seil springen

D Einmal um sich selbst drehen

E Sich in die Augen sehen, ohne zu lachen

F Von 30 bis 1 zählen

2 a) Bastelt ein Pendel:
Nehmt eine 25 cm lange Schnur und eine Schraubenmutter (Radiergummi).

b) Überprüft eure Schätzungen aus Aufgabe 1 mithilfe der Schwingungen des Pendels. Ordnet nach der Zeit.

3 Ordne. Beginne mit der kürzesten Zeitspanne.

kleine Pause | Zähne putzen | große Pause | dein Schulweg | Schulstunde | Duschen | Mittagessen | Bundesliga-Fußballspiel

2 Das Pendel hat eine Schwingung vollzogen, wenn es wieder an der Ausgangsposition ankommt; bei einem Fadenpendel mit 25 cm Länge beträgt die Schwingungsdauer bei kleinen Ausschlägen eine Sekunde

Zeitpunkte und Zeitspannen (I)

1

Die Klasse 2 macht einen Ausflug an die Saarschleife. Der Bus fährt an der Schule um 8.00 Uhr los. Um 14.00 Uhr sind alle wieder zurück. Die geführte Wanderung in den Baumwipfeln dauert von 10.30 Uhr bis 12.30 Uhr.

a) Wie lange dauert der Ausflug? Verwendet eure Lernuhr.

Beginn
8.00 Uhr
Zeitpunkt

■ Stunden
⟶
Zeitspanne

Ende
14.00 Uhr
Zeitpunkt

b) Wie lange dauert die Wanderung in den Baumwipfeln?

2 Wie lange dauern die Fahrtzeiten?

a) Beginn, Ende

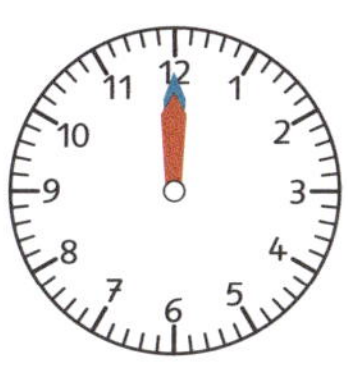

b) Beginn, Ende

S. 101 Nr. 2

a) ■ h
■ Uhr ⟶ ■ Uhr

!

Zwischen zwei Zeitpunkten liegt eine Zeitspanne.

8.00 Uhr ⟶ (3 h) ⟶ 11.00 Uhr

Zeitpunkt — Zeitspanne — Zeitpunkt

3 Wie viele Stunden sind vergangen?

a) von 5.00 Uhr bis 11.00 Uhr
von 11.00 Uhr bis 15.00 Uhr
von 15.00 Uhr bis 21.00 Uhr

b) von 12.30 Uhr bis 16.30 Uhr
von 14.15 Uhr bis 20.15 Uhr
von 18.10 Uhr bis 23.10 Uhr

4 Wie lange dauert es bis zur nächsten vollen Stunde?

a) 8.30 Uhr b) 10.45 Uhr c) 9.15 Uhr d) 11.30 Uhr
e) 12.45 Uhr f) 13.00 Uhr g) 15.15 Uhr h) 18.45 Uhr

Zeitpunkte und Zeitspannen (II)

1

a) Lies die Vormittagszeiten ab.
b) Wie spät ist es in 5 Minuten?
c) Wie spät war es vor 5 Minuten?
d) Wie spät ist es in 10 Minuten?

2

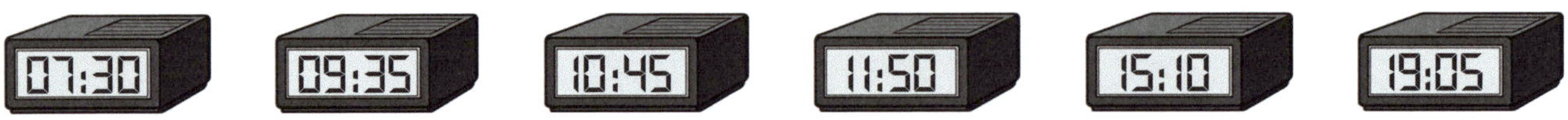

a) Lies die Uhrzeiten ab.
b) Wie spät ist es in 20 Minuten?
c) Wie spät ist es in 15 Minuten?
d) Wie spät war es vor 30 Minuten?

3 Wie spät ist es in einer halben Stunde?
Jetzt ist es:

a) 8.00 Uhr, 11.20 Uhr
b) 6.15 Uhr, 13.30 Uhr
c) 23.30 Uhr, 23.45 Uhr

S. 102 Nr. 3
a) 30 min
8.00 Uhr ⟶ ▢ Uhr

4 Wie spät war es vor 30 Minuten?
Jetzt ist es:

a) 5.30 Uhr, 8.50 Uhr
b) 8.00 Uhr, 18.00 Uhr
c) 13.15 Uhr, 0.20 Uhr

S. 102 Nr. 4
a) 30 min
▢ Uhr ⟶ 5.30 Uhr

5 Gib die Zeitspanne in Minuten an.

a)
5.00 Uhr bis 5.30 Uhr
7.10 Uhr bis 7.20 Uhr

b)
6.10 Uhr bis 6.40 Uhr
7.30 Uhr bis 8.10 Uhr

c)
7.15 Uhr bis 7.55 Uhr
8.45 Uhr bis 9.15 Uhr

6 Gib die Zeitspanne in Sekunden an.

!

Eine Minute hat 60 Sekunden.
1 min = 60 s

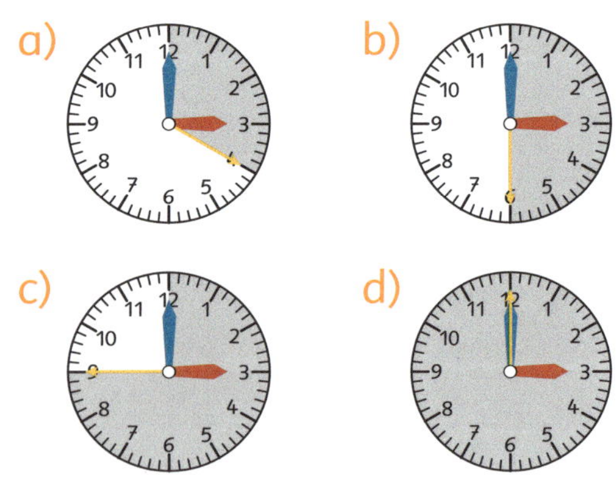

Lernuhr (Beilage) nutzen **3 und 4** Bei c) darauf achten, dass die Berechnung teilweise über die Tagesgrenze hinausgeht

Wiederholung

1 Wie spät ist es? Lies beide Uhrzeiten ab.

S.	1	0	3	Nr.	1
a)		1.	0	0	Uhr
	1	3.	0	0	Uhr

a)  b)  c) 

d)  e) 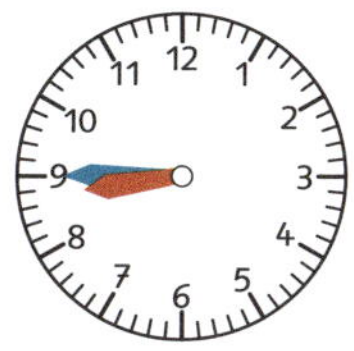 f)  g)  h) 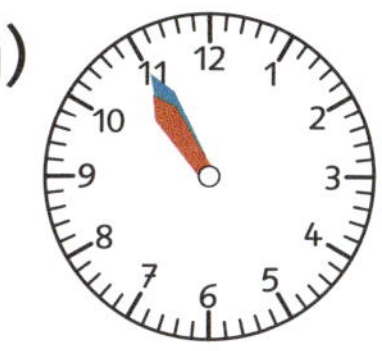

2 Wie viele Stunden sind vergangen?

a) Beginn  Ende 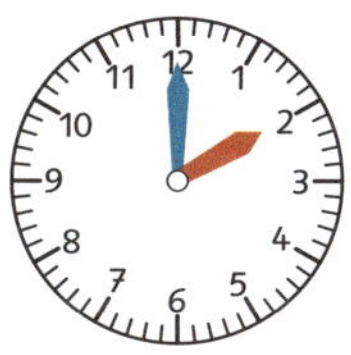

b) Beginn  Ende 

c) Beginn 

Ende 

3 A  B  C  D  E 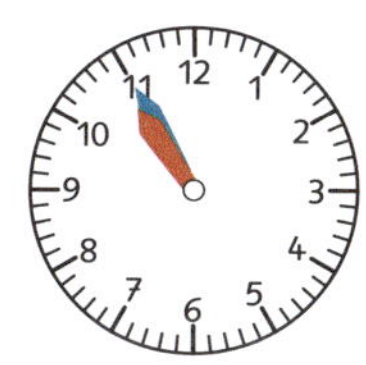

a) Lies die Vormittagszeiten ab.
b) Wie spät ist es in 5 Minuten?
c) Wie spät war es vor 10 Minuten?
d) Wie spät ist es in 10 Minuten?

4 Wie spät ist es in 15 Minuten? Jetzt ist es:

a) 

b) 

c) 

d) 

e) 

5 Wie spät war es vor 20 Minuten? Jetzt ist es:

a) 9.30 Uhr b) 10.25 Uhr c) 13.20 Uhr d) 9.10 Uhr e) 16.05 Uhr

6 Gib die Zeitspanne in Minuten an.

a) 7.00 Uhr bis 7.30 Uhr b) 9.10 Uhr bis 9.50 Uhr
c) 7.50 Uhr bis 8.30 Uhr

L Schreibe 3 Unterrichtsstunden auf.
Wann beginnen sie? Wann enden sie?

Die Seite selbstständig bearbeiten; bei der Auswertung darauf achten, ob die Uhrzeiten sowie das Bestimmen von Zeitpunkten und Zeitspannen schon sicher beherrscht werden

AH S. 53 LSH S. 16

Das Einmaleins (II)

Stationen: Einfaches Multiplizieren und Dividieren

1. Station:
Malaufgaben legen und malen

2. Station:
Teilen

Stationen im Klassenraum aufbauen **1. Station**: Mit Zahlenwürfeln würfeln: Malaufgaben bilden; Bilder zu Malaufgaben legen und zeichnen; Aufgaben aufschreiben und lösen
2. Station: Geteiltaufgaben handelnd und zeichnerisch lösen; Aufgaben notieren

3. Station: Schlüsselaufgaben nutzen

4. Station: Aufgabenfamilien bilden

Einmaleins mit 3

1

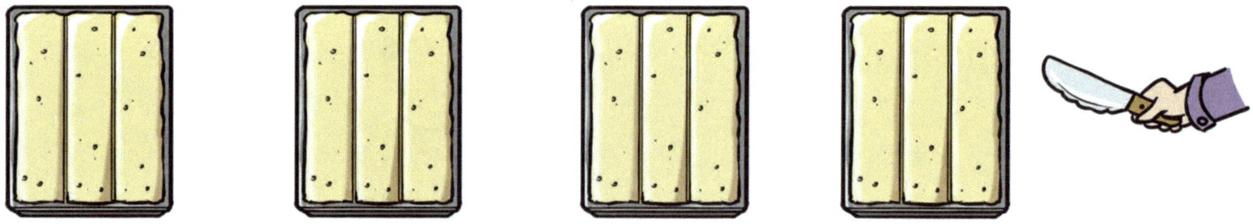

In einer Bäckerei wurden Blechkuchen gebacken und in 3 große Stücke geschnitten.

a) Wie viele Bleche sind es? Wie viele Kuchenstücke sind es?
b) Wie viele Stücke sind es bei 3 Blechen?
c) Wie viele Stücke sind es bei 6 Blechen?

2 Legt eine Tabelle bis 10 Bleche an.

Bleche	1	2	3	
Stücke	3			

3 Schreibe zu jedem Bild Malaufgaben.

a) 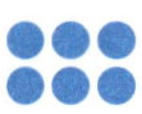 b)  c)  d)  e) 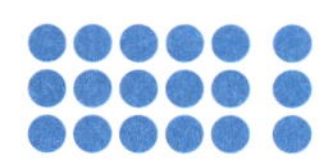

4 a) Zeichnet ein Bild zur Aufgabe 4 · 3.

b) Verändert das Bild, damit es zu 5 · 3 passt. Erklärt den Unterschied.

c) Stellt euch selbst Aufgaben. Zeichnet und verändert sie. Beschreibt den Unterschied.

5

a)	b)	c)	d)	e)
1 · 3	2 · 3	1 · 3	0 · 3	10 · 3
2 · 3	4 · 3	3 · 3	3 · 3	9 · 3
10 · 3	6 · 3	5 · 3	6 · 3	8 · 3
5 · 3	8 · 3	7 · 3	9 · 3	7 · 3

6 Wie oft?

a)	b)	c)	d)
30 = ☐ · 3	6 = ☐ · 3	9 = ☐ · 3	0 = ☐ · 3
15 = ☐ · 3	3 = ☐ · 3	18 = ☐ · 3	33 = ☐ · 3

7 Zeigt, welche Aufgaben ihr schon auswendig könnt.

1 · 3 | 2 · 3 | 3 · 3 | 4 · 3 | 5 · 3 | 6 · 3 | 7 · 3 | 8 · 3 | 9 · 3 | 10 · 3

1 Situation nachspielen, z. B. Papier falten 2 Vollständige 3er-Reihe selbst ermitteln 3 Veränderungen der Bilder thematisieren 4 Aufgaben mit Plättchen legen, Bilder malen und verändern 5 und 6 Bei Bedarf mit Plättchen arbeiten

Einmaleins mit 6

1 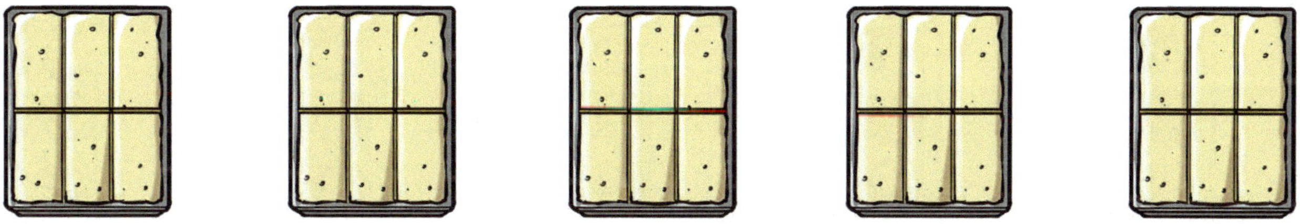

a) Wie viele Kuchenbleche siehst du? Wie viele Kuchenstücke sind es?

b) Wie viele Kuchenstücke sind es bei 3 Blechen?

c) Wie viele Kuchenbleche braucht man für 60 Kuchenstücke?

2 Legt eine Tabelle an. Ergänzt sie bis 10 Bleche.

Bleche	1	2	3
Stücke	6		

3 Schreibe zu jedem Bild Malaufgaben.

a)  b) 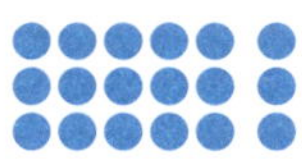 c) 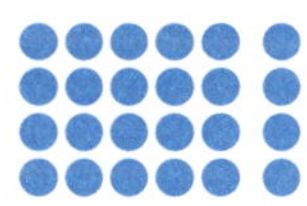 d) 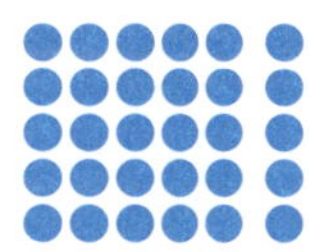 e) 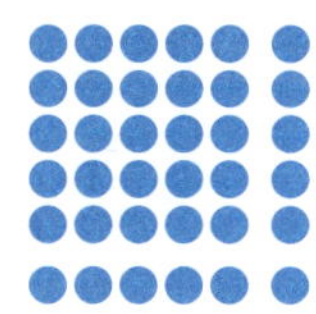

4 

a)	b)	c)	d)	e)
1 · 6	2 · 6	3 · 6	2 · 6	10 · 6
2 · 6	4 · 6	5 · 6	2 · 3	10 · 3
10 · 6	6 · 6	7 · 6	4 · 6	5 · 6
5 · 6	8 · 6	9 · 6	4 · 3	5 · 3

5 Finde die Lösungen mithilfe der Umkehraufgaben.

a)	b)	c)	d)	e)
30 : 6	12 : 6	18 : 6	48 : 6	0 : 6
60 : 6	24 : 6	36 : 6	24 : 6	6 : 6

6 Zählt in Dreierschritten, dann in Sechserschritten. Vergleicht.

7 Zeigt, welche Aufgaben ihr schon auswendig könnt.

1 · 6 | 2 · 6 | 3 · 6 | 4 · 6 | 5 · 6 | 6 · 6 | 7 · 6 | 8 · 6 | 9 · 6 | 10 · 6

Einmaleins mit 9

1

a) Wie viele Packungen siehst du? Wie viele Schokoküsse sind es?
b) Wie viele Schokoküsse sind es bei 10 Packungen?
c) Wie viele Packungen braucht man für 54 Schokoküsse?

2 Legt eine Tabelle an.
Ergänzt sie bis 10 Packungen.

Packungen	1	2	3
Schokoküsse	9	■	■

3 Schreibe zu jedem Bild Malaufgaben.

a) 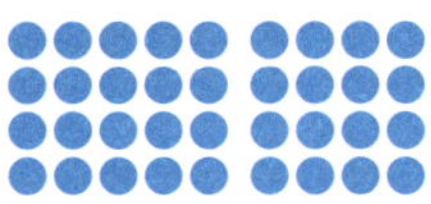
b) 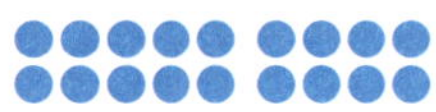
c) 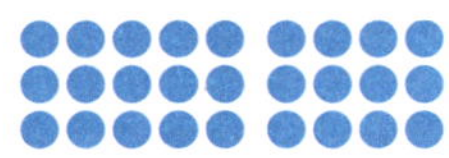
d) 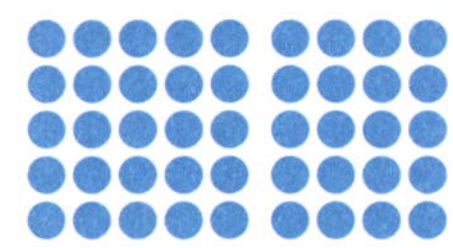

4

a)	b)	c)	d)
2 · 9	3 · 9	10 · 9	2 · 9
4 · 9	6 · 9	5 · 9	5 · 9
8 · 9	9 · 9	0 · 9	7 · 9

5

a)	b)	c)	d)
90 : 9	27 : 9	81 : 9	0 : 9
45 : 9	36 : 9	63 : 9	9 : 9
18 : 9	45 : 9	54 : 9	18 : 9

6 Zählt in Dreierschritten, dann in Neunerschritten. Vergleicht.

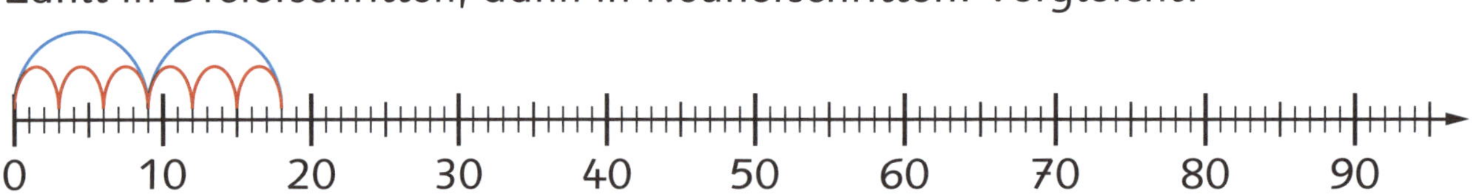

7 Zeigt, welche Aufgaben ihr schon auswendig könnt.

1 · 9 | 2 · 9 | 3 · 9 | 4 · 9 | 5 · 9 | 6 · 9 | 7 · 9 | 8 · 9 | 9 · 9 | 10 · 9

1 Situation für alle Aufgaben der 9er-Reihe nachspielen **2** Vollständige 9er-Reihe selbst ermitteln **3** Veränderungen der Bilder von Aufgabe zu Aufgabe thematisieren
5 Bei Bedarf mit Plättchen arbeiten

Einmaleins mit 3, 6 und 9

1 Was sehen die Kinder? Erklärt.

2 Zeichne Bilder zu den Aufgaben und löse sie.

a) $4 \cdot 3$ b) $2 \cdot 6$ c) $6 \cdot 6$ d) $4 \cdot 9$ e) $3 \cdot 9$

3 Rechne und vergleiche die Ergebnisse. Was fällt dir auf?

a)	b)	c)	d)	e)
$2 \cdot 3$	$4 \cdot 3$	$5 \cdot 3$	$6 \cdot 3$	$9 \cdot 3$
$2 \cdot 6$	$4 \cdot 6$	$5 \cdot 6$	$6 \cdot 6$	$9 \cdot 6$
$2 \cdot 9$	$4 \cdot 9$	$5 \cdot 9$	$6 \cdot 9$	$9 \cdot 9$

4 Wie oft?

a)	b)	c)	d)
☐ $\cdot 3 = 18$	☐ $\cdot 3 = 27$	☐ $\cdot 3 = 15$	☐ $\cdot 3 = 24$
☐ $\cdot 6 = 18$	☐ $\cdot 6 = 36$	☐ $\cdot 6 = 30$	☐ $\cdot 6 = 54$
☐ $\cdot 9 = 18$	☐ $\cdot 9 = 36$	☐ $\cdot 9 = 45$	☐ $\cdot 9 = 63$

5 Finde die Lösungen mithilfe der Umkehraufgaben.

a)	b)	c)	d)	e)
30 : 3	15 : 3	6 : 3	12 : 3	24 : 3
60 : 6	30 : 6	12 : 6	24 : 6	48 : 6
90 : 9	45 : 9	18 : 9	36 : 9	72 : 9

6

1 Situation mit Plättchen nachspielen **2** Veränderungen der Bilder von Aufgabe zu Aufgabe thematisieren **3 bis 6** Bei Bedarf mit Plättchen arbeiten

Einmaleins mit 7

1 a) Welche Märchen sind dargestellt?

b) Sucht Bilder zum Einmaleins der 7 und schreibt die Aufgaben auf.

c) Zeichnet Bilder zu den Malaufgaben. $2 \cdot 7$ $4 \cdot 7$ $5 \cdot 7$ $7 \cdot 7$

2

Teller	1	2	3	
Äpfel	7			

3 Zeigt, welche Aufgaben ihr schon auswendig könnt.

$1 \cdot 7$ $2 \cdot 7$ $3 \cdot 7$ $4 \cdot 7$ $5 \cdot 7$ $6 \cdot 7$ $7 \cdot 7$ $8 \cdot 7$ $9 \cdot 7$ $10 \cdot 7$

Arbeitsheft S. 57

1 Über Märchen sprechen; Rolle der 7 thematisieren; weitere Märchen mit 7 suchen; Aufgaben zum Einmaleins der 7 im Bild suchen, besprechen und lösen 3 Erkennen, dass alle Aufgaben bis auf 7 x 7 durch die Tauschaufgaben bekannt sind

Übungen zum Einmaleins

1

a) 2 · 3, 2 · 6, 2 · 9, 2 · 7

b) 10 · 3, 10 · 6, 10 · 9, 10 · 7

c) 5 · 3, 5 · 6, 5 · 9, 5 · 7

d) 4 · 3, 3 · 6, 6 · 9, 0 · 7

2

a)

·	2	4	8
3	■	■	■
5	■	■	■
7	■	■	■

b)

·	3	6	9
2	■	■	■
4	■	■	■
8	■	■	■

c)

·	■	9	7
6	30	■	■
■	■	72	■
9	■	■	■

3

a) 30 : 3, 24 : 3, 15 : 3, 18 : 3

b) 60 : 6, 42 : 6, 18 : 6, 48 : 6

c) 90 : 9, 72 : 9, 54 : 9, 81 : 9

d) 70 : 7, 35 : 7, 21 : 7, 63 : 7

e) 21 : 3, 24 : 6, 27 : 9, 28 : 7

4 Bilde die Aufgabenfamilien.

a) 3, 6, 18

b) 7, 5, ■

c) 9, ■, 63

5

a) 18 = ✸ · 6, 24 = ✸ · 3, 42 = ✸ · 7

b) 8 · ✸ = 48, 4 · ✸ = 36, 9 · ✸ = 27

c) 27 : ✸ = 9, 48 : ✸ = 6, 56 : ✸ = 7

d) 8 · 3 = 4 · ✸, 2 · 6 = ✸ · 3, 10 · 3 = 5 · ✸

6

Ina

Nino

Sachrechnen: Kombinieren

1 Familie Heinze plant mit ihren Kindern Anna und Max in den Ferien drei Ausflüge: eine Bootsfahrt, eine Radtour und einen Besuch im Freizeitpark.
In welcher Reihenfolge können die Ausflüge durchgeführt werden?

a) Nehmt für jeden Ausflug einen Zettel.
b) Legt die Zettel in unterschiedliche Reihenfolgen.
c) Habt ihr alle 6 Möglichkeiten gefunden?
d) Notiert eure Lösungen im Heft.

2 Familie Heinze besucht den Freizeitpark. Sie möchte Riesenrad fahren, die Gespensterbahn besuchen und eine Kanufahrt planen.
Welche Reihenfolgen sind möglich?

3 Anna überlegt, was sie anzieht.
Sie wählt zwischen 2 T-Shirts und 3 Hosen.
Wie viele Möglichkeiten hat sie? Zeichne.

4 Im Kanu haben zwei Personen Platz.
Max und Anna überlegen, wer mit wem fahren kann.

a) Welche Möglichkeiten gibt es? Probiere es aus und schreibe alle Möglichkeiten auf.
b) Wie viele Möglichkeiten gibt es, wenn immer ein Erwachsener und ein Kind gemeinsam fahren?

Steckwürfel zum Probieren anbieten; kleine Zettel vorbereiten und unterschiedliche Notationsmöglichkeiten besprechen **4** Sitzreihenfolge thematisieren

(5) Zum Mittagessen gehen sie in ein kleines Restaurant.
Jeder kann sich ein Hauptgericht und eine Nachspeise auswählen.

a) Stelle alle Möglichkeiten zusammen.
b) Max mag keine Suppe. Wie viele Möglichkeiten hat er?
Schreibe alle auf.

(6) Auf dem Heimweg kauft Herr Heinze Eis. Jeder darf zwei Kugeln auswählen.

a) Welche Möglichkeiten gibt es? Male alle.
b) Anna mag nur Fruchteis.
Wie viele Möglichkeiten hat sie? Male.

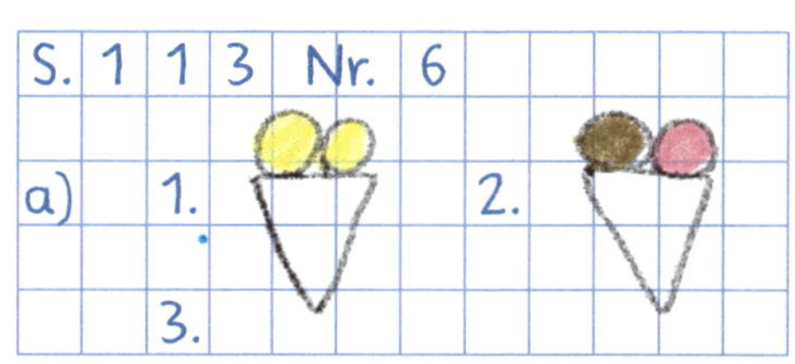

Wiederholung

1 Schreibe zu jedem Bild zwei Malaufgaben und löse sie.

a) 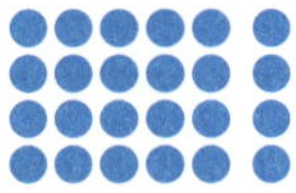 b) 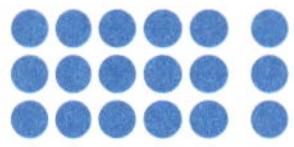 c)  d) 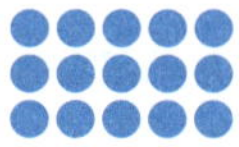 e) 

2 Zeichne Bilder zu den Malaufgaben und löse sie.

a) $3 \cdot 6$ b) $3 \cdot 4$ c) $6 \cdot 4$ d) $6 \cdot 2$ e) $5 \cdot 4$

3 Rechne Aufgabe und Tauschaufgabe.

a)	b)	c)	d)
$2 \cdot 6$	$5 \cdot 7$	$7 \cdot 4$	$9 \cdot 2$
$9 \cdot 3$	$3 \cdot 6$	$2 \cdot 8$	$4 \cdot 9$
$4 \cdot 6$	$6 \cdot 8$	$8 \cdot 4$	$3 \cdot 7$

S. 114 Nr. 3
a) $2 \cdot 6 =$
$6 \cdot 2 =$

4 a)

·	3	6	9
2			
10			
5			

b)

·	3	6	9
3			
9			
7			

c)

·		9	7
4	12		
		54	
			56

5 Finde die Lösungen mithilfe der Umkehraufgaben.

a)	b)	c)	d)	e)
12 : 3	28 : 7	21 : 7	35 : 5	54 : 9
30 : 6	36 : 6	36 : 4	14 : 7	32 : 8
45 : 9	18 : 9	56 : 8	63 : 9	48 : 6

6

a)	b)	c)	d)
✸ · 3 = 15	8 · ✸ = 72	7 · 9 = ✸	18 : ✸ = 6
✸ · 6 = 36	✸ · 6 = 0	✸ · 6 = 48	32 : ✸ = 8
3 · ✸ = 27	8 · 8 = ✸	9 · ✸ = 81	49 : 7 = ✸
4 · ✸ = 24	7 · ✸ = 42	✸ · 8 = 56	45 : ✸ = 5

7

L Wähle eine Einmaleinsreihe aus.
Schreibe alle Aufgaben mit Ergebnis auf.

Die Seite selbstständig bearbeiten; bei der Auswertung darauf achten, welche Einmaleinsreihen schon sicher beherrscht werden **5** Die Divisionsaufgaben über die entsprechenden Umkehraufgaben lösen

Knobelseite: Legen und überlegen

1 Nimm 24 gleich lange Stäbchen.
Lege mit allen 24 Stäbchen einzelne Dreiecke und Sechsecke.
Welche Möglichkeiten hast du? Probiere es aus.

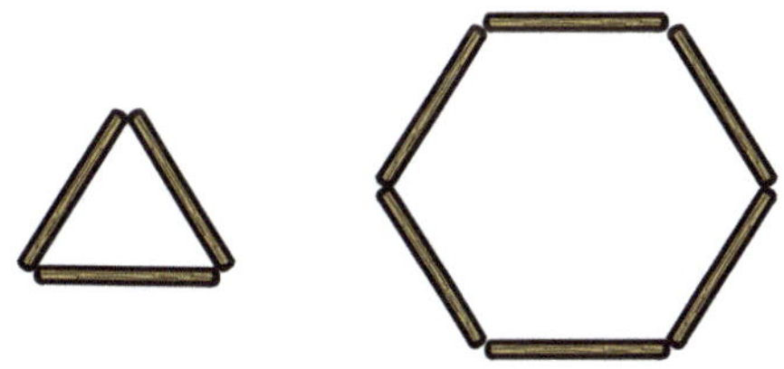

2 Nimm gleich lange Stäbchen.

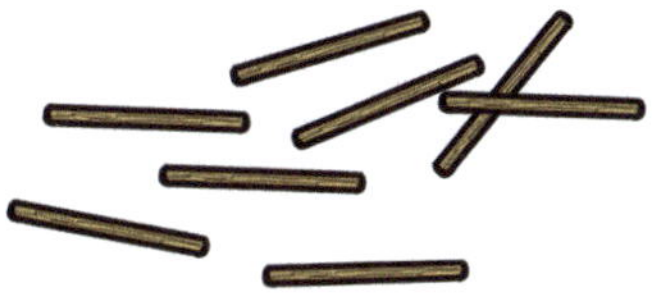

a) Lege mit 5 Stäbchen zwei Dreiecke.
b) Lege mit 6 Stäbchen ein Quadrat und ein Dreieck.
c) Lege mit 7 Stäbchen zwei Quadrate.
d) Lege mit 8 Stäbchen ein Quadrat und zwei Dreiecke.

3 Wir sind alle 7 Jahre alt. Wie alt sind unsere Eltern und Geschwister?

Noa Verena Toni

a) Noa: Meine Mama ist viermal so alt wie ich.
Mein Papa ist 3 Jahre älter als meine Mama.

b) Verena: Meine Schwester ist 5 Jahre älter als ich.
Meine Eltern sind beide sechsmal so alt wie ich.

c) Toni: Mein Bruder ist 3 Jahre jünger als ich.
Meine Mutter ist siebenmal so alt wie mein Bruder
und 7 Jahre jünger als mein Vater.

4 Denkt euch selbst Altersrätsel aus.

Achsensymmetrie

Entdeckungen mit dem Spiegel

1 Entdeckt mit dem Spiegel. Erzählt.

Info
Kolumbus kam 1492 mit dem Schiff von Europa in Amerika an.
Er glaubte, in Indien zu sein. Aufgrund dieses Irrtums nannte er die Ureinwohner Amerikas „Indianer".

2 Zeigt mit dem Spiegel.

a) 10 Bisons b) 8 Berge c) 6 Rauchwolken d) 4 Kinder e) 8 Geier

3
a) langes Tuch – kurzes Tuch
b) langes Kanu – kurzes Kanu
c) viele Kakteen – ein Kaktus
d) kleiner See – großer See
e) langer Fluss – kurzer Fluss
f) großes Feuer – kleines Feuer

4 a) 3 Bisons b) 5 Berge c) 12 Kakteen d) Löscht das Feuer.

1 Mithilfe des Spiegels die Beschriftungen erlesen und somit die Entdeckungen beschreiben **2 bis 4** Spiegel senkrecht/waagerecht halten und durch Verschieben die Veränderungen erzeugen

5 Welche Bilder kannst du mit dem Spiegel sehen?
Probiere.

a)

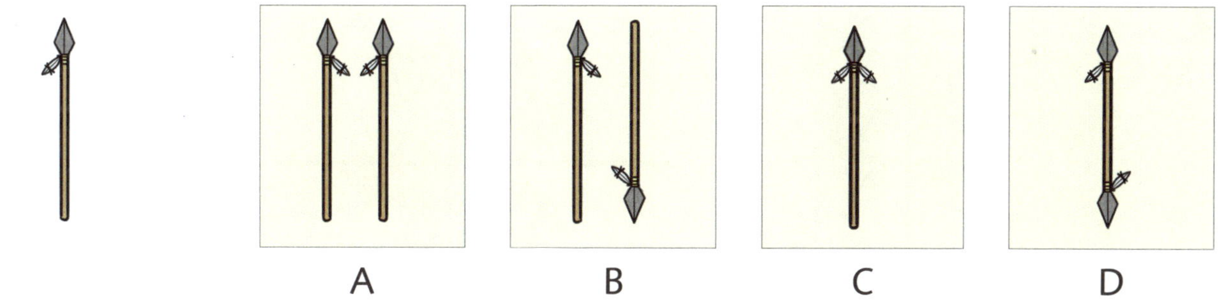

b)

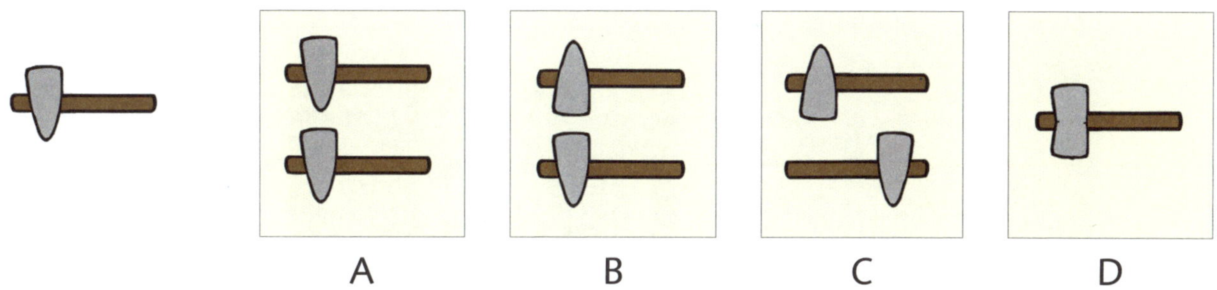

c)

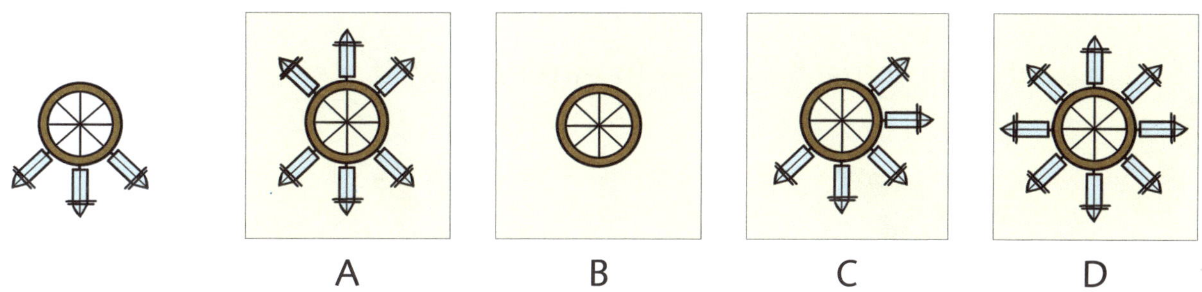

d)

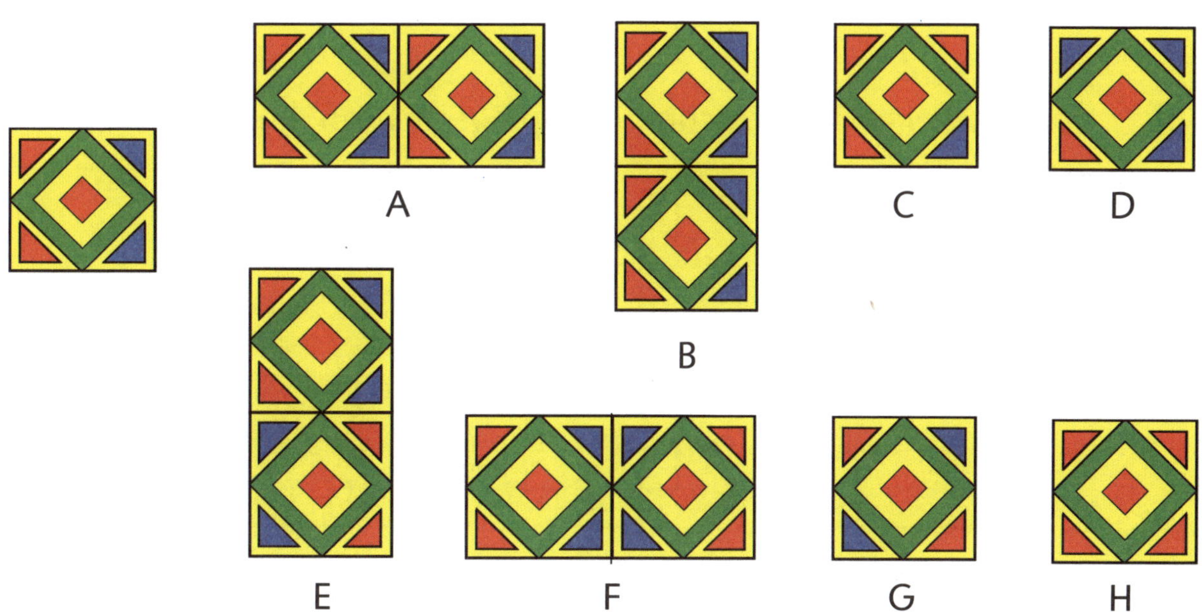

5 a) Speer, **b)** Tomahawk, **c)** Traumfänger, **d)** Tuch

Arbeitsheft S. 61

Symmetrische Figuren

1 Welche Bilder sind symmetrisch? Prüfe mit einem Spiegel.

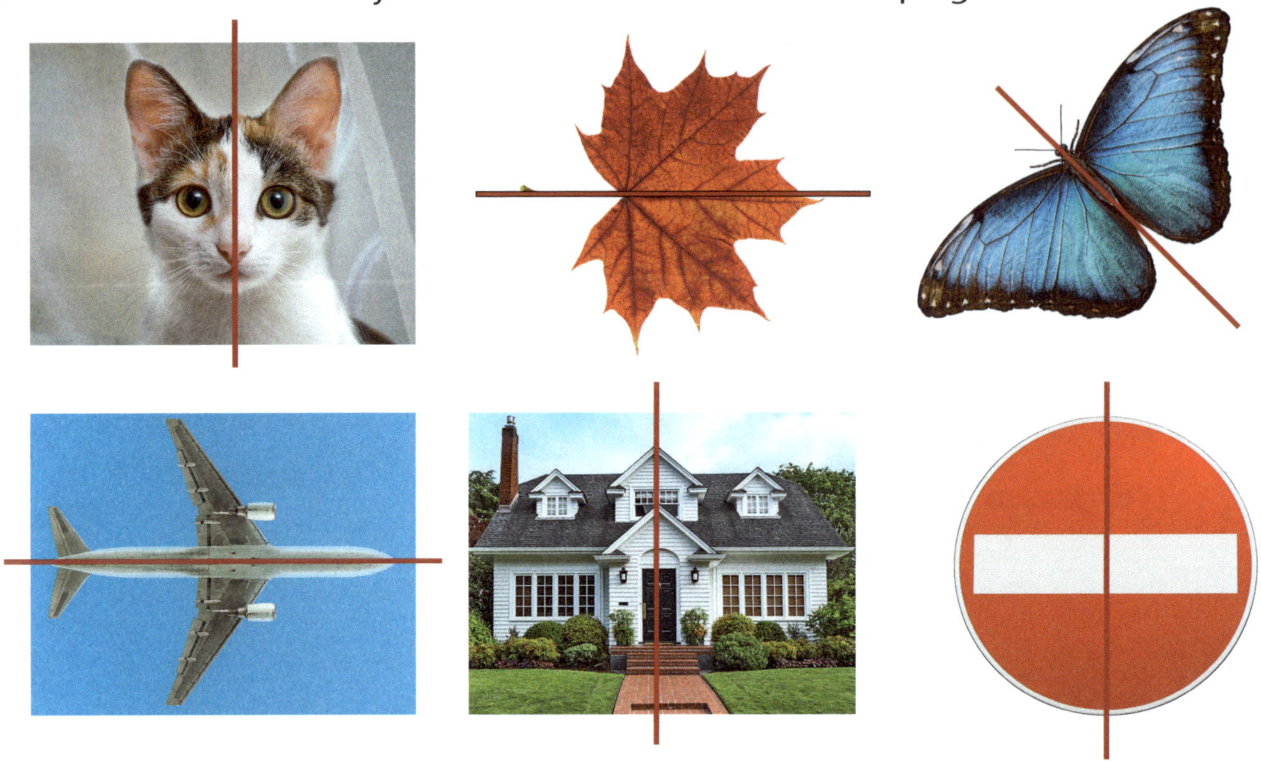

2 Sucht symmetrische Dinge in eurer Umwelt.

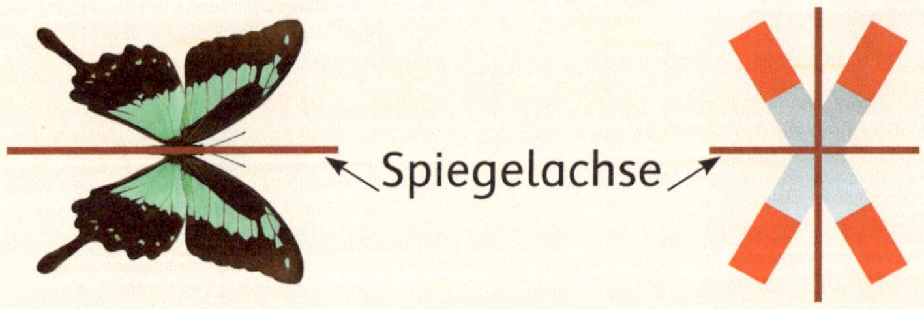

Spiegelbildliche Figuren nennt man auch symmetrische Figuren.

3 Übertrage ins Heft. Zeichne die Spiegelachsen ein.

a) 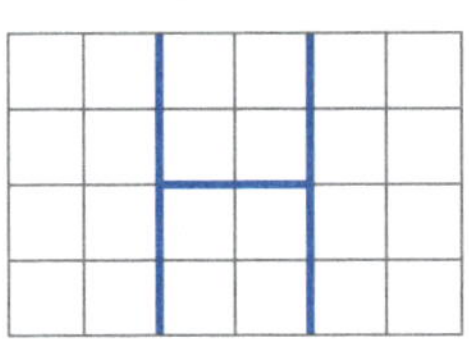

b) 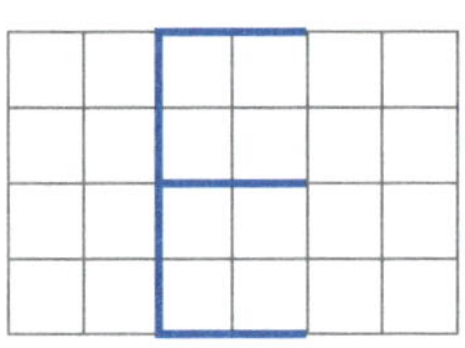

c) 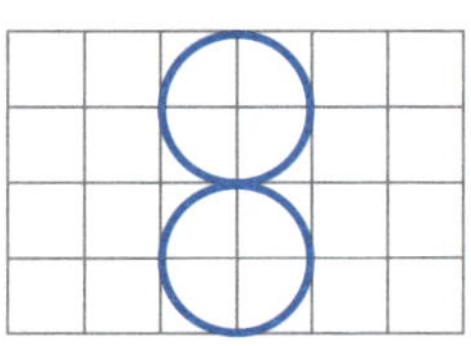

d) 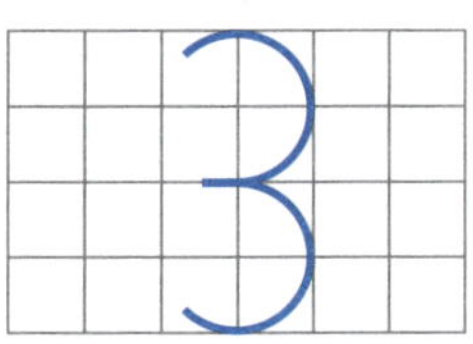

4 a) 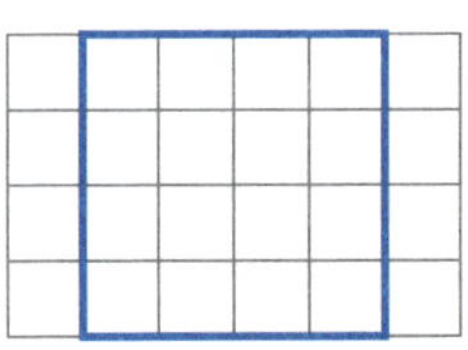

b) 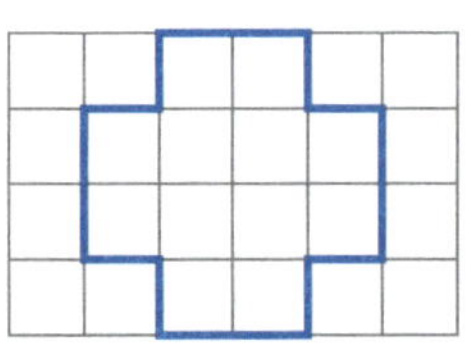

c) 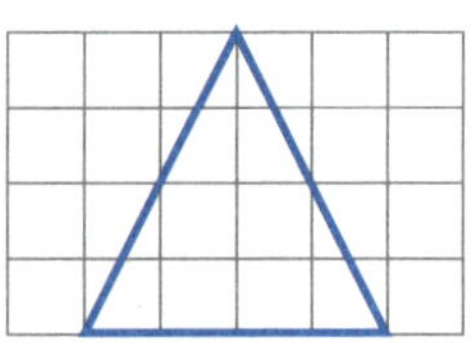

d) 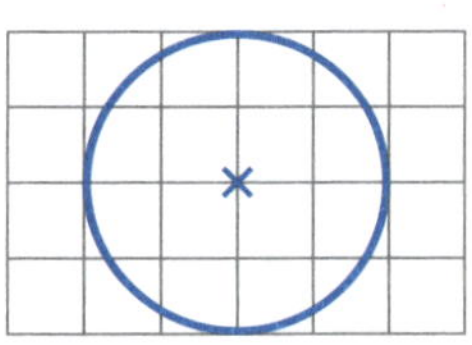

5 Sucht symmetrische Zahlen und Buchstaben. Gestaltet ein Plakat.

1 Über Vorkommen von Symmetrie in Natur und Technik sprechen; darauf aufmerksam machen, dass in der Natur annähernd Symmetrien auftreten **2 bis 4** Mit einem Spiegel prüfen

6 Erzählt und spielt nach.

7 Stelle die symmetrischen Figuren her.

a) 

b) 

c) 

d) 

8 Welche Figuren entstehen durch den Faltschnitt?

a) 

A 

B 

C 

b) 

A 

B 

C 

9 Übertrage ins Heft. Ergänze zu symmetrischen Figuren.

a) 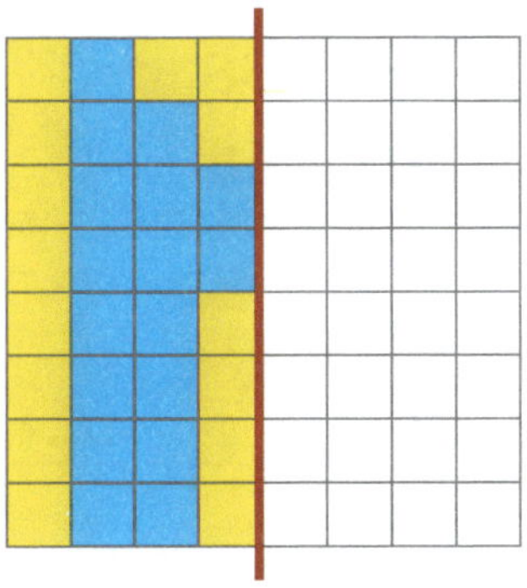

b) 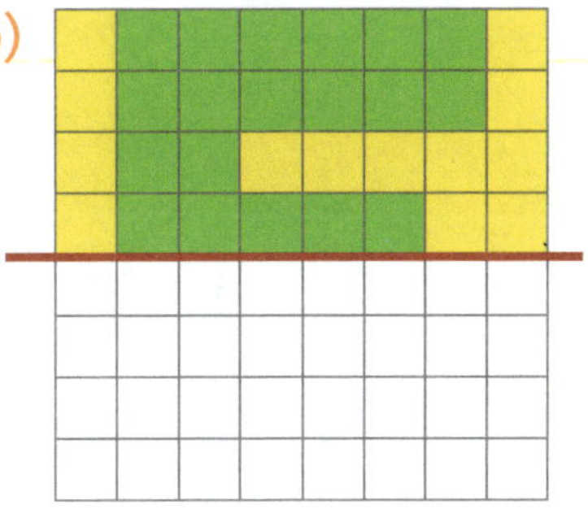

c) 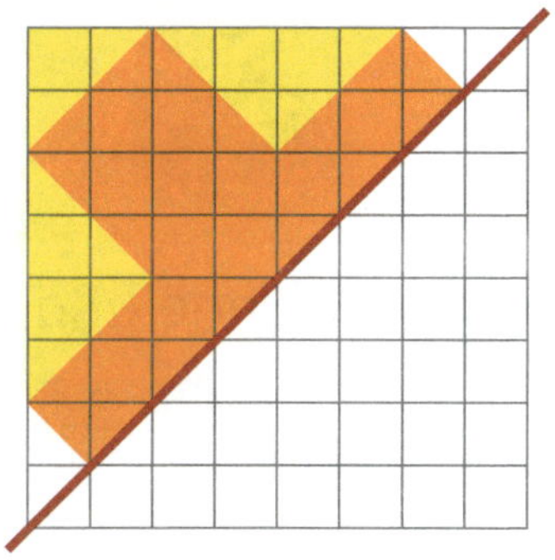

10 Erfinde eigene symmetrische Figuren. Zeichne in dein Heft.

Arbeitsheft S. 62

Rechnen bis 100

Addieren und subtrahieren

1. Wie rechnest du? Welche Idee könnte Nils haben?

2. a) 19 + 2, 28 + 3, 39 + 3, 48 + 4
   b) 34 + 20, 56 + 13, 47 + 35, 65 + 28
   c) 31 − 2, 42 − 3, 53 − 5, 73 − 4
   d) 45 − 30, 52 − 21, 61 − 44, 73 − 55
   e) 67 + 24, 83 − 35, 25 + 58, 94 − 66

 15, 17, 18, 21, 28, 29, 31, 31, 39, 42, 48, 48, 52, 54, 69, 69, 82, 83, 91, 93

3. a)

b)

c)

4.

   a) 25 − 22, 38 − 35, 57 − 51, 68 − 66
   b) 23 − 19, 41 − 37, 62 − 56, 72 − 68
   c) 65 − 58, 73 − 67, 82 − 75, 95 − 88

5. Rechne und kontrolliere mit der Umkehraufgabe.
   a) 32 − 3, 53 − 5, 64 − 7, 77 − 8
   b) 44 − 16, 53 − 24, 65 − 36, 75 − 18
   c) 36 − 28, 55 − 37, 63 − 46, 71 − 37
   d) 74 − 38, 82 − 56, 91 − 67, 98 − 79

S.	1	2	0	Nr.	5			
a)		3	2	−	3	=	2	9
		2	9	+	3	=	3	2

1 Strategien wiederholen und argumentieren, welche Strategie jeweils geeignet ist; Nils könnte Ergänzen, Tauschaufgabe oder „Neuner-Trick“ nutzen **2** Strategien begründet anwenden **4** Bei Zahlen, die nahe beieinanderliegen, ist Ergänzen einfach

6 Rechne geschickt.

a) 35 + 15 + 17
26 + 14 + 45
17 + 23 + 38
48 + 32 + 19

b) 28 + 15 + 25
33 + 11 + 29
54 + 22 + 18
45 + 14 + 36

c) 18 + 47 + 32
17 + 35 + 35
36 + 9 + 44
13 + 67 + 18

d) 60 − 30 − 27
79 − 50 − 19
50 − 11 − 9
61 − 44 − 16

: 1, 3, 10, 30, 67, 68, 73, 78, 85, 87, 89, 94, 95, 97, 98, 99

7 Rechne im Heft und setze fort. Was fällt dir auf?

a) 24 + 15
25 + 16
26 + 17

b) 43 + 15
45 + 13
47 + 11

c) 67 − 23
66 − 24
65 − 25

d) 82 − 33
84 − 35
86 − 37

8

a) 24 + 9
34 + 29
45 + 49
38 + 59

b) 56 − 9
44 − 19
75 − 29
57 − 39

c) 42 + 39
96 − 69
63 + 29
92 − 79

: 13, 18, 25, 27, 33, 46, 47, 63, 81, 92, 94, 97

9 Übertrage ins Heft. Setze <, > oder = ein.

a) 35 + 10 ◯ 40
53 + 27 ◯ 80
27 + 38 ◯ 70
49 + 41 ◯ 90

b) 46 − 18 ◯ 30
58 − 25 ◯ 40
89 − 29 ◯ 60
64 − 27 ◯ 30

c) 58 + 22 ◯ 48 + 23
36 + 14 ◯ 75 − 25
90 − 40 ◯ 25 + 37
85 − 45 ◯ 75 − 35

10 Finde die Fehler. Schreibe die Aufgaben richtig ins Heft.

a) 27 + 35 = 62
34 + 17 = 52
45 + 35 = 80
18 + 43 = 61

b) 49 + 17 = 66
32 + 59 = 81
26 + 27 = 53
59 + 21 = 70

c) 46 − 17 = 28
54 − 28 = 26
82 − 36 = 54
73 − 45 = 28

6 Geschicktes Zusammenfassen der Summanden besprechen; bei der Subtraktion ist ein Tausch der beiden hinteren Zahlen möglich oder ein vorheriges Addieren der Zahlen, die abgezogen werden **8** „Neuner-Trick" wiederholend besprechen

Multiplizieren und dividieren

1 Erklärt, wie die Kinder rechnen. Wie rechnet ihr?

2 Schreibe zu jedem Bild Malaufgaben. Rechne.

a) 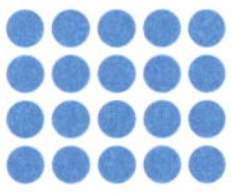
b) 
c) 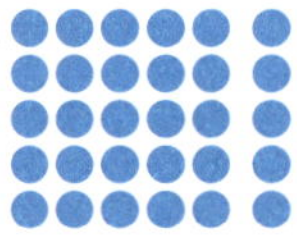
d) 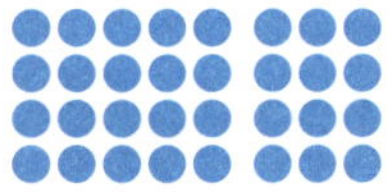

3

a)	b)	c)	d)	e)
2 · 4	5 · 3	10 · 7	3 · 8	4 · 6
2 · 8	5 · 6	5 · 7	6 · 4	8 · 6

4 Wie oft?

a)	b)	c)	d)
15 = ▢ · 5	24 = ▢ · 8	18 = ▢ · 9	35 = ▢ · 7
25 = ▢ · 5	48 = ▢ · 8	72 = ▢ · 9	42 = ▢ · 7

5

a)	b)	c)	d)	e)
18 : 3	32 : 4	27 : 3	48 : 8	21 : 7
18 : 6	32 : 8	27 : 9	24 : 4	42 : 7

6 Im Kino kostet eine Eintrittskarte 8 €.

a) Lisa darf an ihrem Geburtstag 6 Kinder ins Kino einladen. Wie viel muss Lisa insgesamt bezahlen?

b) Simon war am Mittwoch mit 3 Freunden im gleichen Kino. An diesem Tag kosten die Karten nur die Hälfte. Was haben sie zusammen bezahlt?

1 Die verschiedenen Rechenwege der Kinder gemeinsam besprechen **2** Mit Bezug auf 1 die individuellen Rechenwege besprechen: Wie rechnest du? Begriffe „multiplizieren" und „Malaufgaben" thematisieren

7 Rechne Aufgabe und Umkehraufgabe.

a)	b)	c)
15 : 3	18 : 6	45 : 9
16 : 2	35 : 7	64 : 8
25 : 5	36 : 6	63 : 7
12 : 4	40 : 8	56 : 8

S.	1	2	3	Nr.	7		
a)	1	5	:	3	=		5
		5	·	3	=	1	5

8

a)	b)	c)	d)	e)
10 : 2	24 : 4	35 : 5	56 : 7	36 : 6
15 : 3	30 : 5	24 : 6	72 : 8	49 : 7
16 : 4	36 : 4	28 : 7	54 : 9	64 : 8
20 : 5	40 : 5	54 : 6	72 : 8	81 : 9

9 Übertrage ins Heft. Setze <, > oder = ein.

a)	b)	c)
6 · 5 ○ 30	18 : 3 ○ 5	7 · 8 ○ 8 · 7
3 · 3 ○ 10	36 : 6 ○ 6	56 : 8 ○ 56 : 7
9 · 4 ○ 35	48 : 8 ○ 8	8 · 9 ○ 9 · 8
5 · 5 ○ 25	63 : 9 ○ 7	72 : 9 ○ 27 : 3

10

a)	b)	c)	d)
✱(grün) · 2 = 12	4 · ✱(rot) = 32	✱(blau) : 4 = 7	48 : ✱(gelb) = 8
5 · ✱(rot) = 15	✱(gelb) · 7 = 21	45 : ✱(grün) = 9	✱(blau) : 9 = 4
✱(blau) · 3 = 24	7 · ✱(blau) = 42	✱(rot) : 6 = 8	42 : ✱(grün) = 6
6 · ✱(grün) = 36	✱(grün) · 9 = 72	42 : ✱(gelb) = 6	✱(rot) : 8 = 8

11 Nino kauft insgesamt 20 Tischtennisbälle. In einer Packung sind 4 Stück. Wie viele Packungen hat Nino gekauft?

12 Anita und ihre 23 Mitschüler sollen sich in 3er-Reihen aufstellen. Wie viele Reihen können sie bilden?

13

Noa

Ina

Sulola

7 Divisionsaufgabe über entsprechende Multiplikationsaufgaben lösen **9** Zeichen „<“ und „>“ wiederholen **10** Zahlen unter den Klecksen mithilfe der Einmaleinskenntnisse finden; bei den Divisionsaufgaben passende Multiplikationsaufgaben nutzen

Arbeitsheft S. 65, 66

Teilen mit Rest

1

a) Wie viele Tüten können die Kinder füllen? Bleiben Kekse übrig?

b) Wie viele Tüten können die Kinder füllen, wenn 4 Kekse in eine Tüte kommen? Bleibt für Simon ein Rest übrig?

c) Erklärt, wie es bei 5 Keksen je Tüte wäre. Probiert es aus.

2 Nehmt 20 Plättchen. Teilt sie in Gruppen auf. Was stellt ihr fest?

a) 3er-Gruppen b) 4er-Gruppen c) 5er-Gruppen d) 6er-Gruppen

3 Male im Heft und teile auf.

7 : 2   10 : 3   11 : 4   14 : 5

!

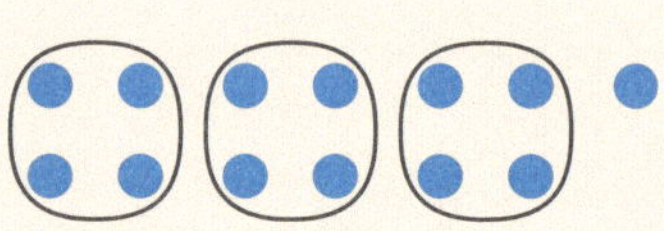

13 : 4 = 3 Rest 1
kurz:
13 : 4 = 3 R 1
denn 3 · 4 = 12
und 12 + 1 = 13

4

a) 16 : 3
17 : 3
18 : 3

b) 18 : 4
19 : 4
20 : 4

c) 21 : 5
42 : 6
25 : 7

d) 33 : 4
45 : 8
54 : 9

S.	1	2	4	Nr.	4			
a)	1	6	:	3	=	5	R	1
	1	7	:	3	=			

1 Handlung nachspielen; Erfahrungen und Erkenntnisse besprechen **4** Untersuchen und besprechen, wie sich der Rest bei den Aufgaben verändert und wie groß ein Rest bei einer Divisionsaufgabe höchstens sein kann

5 In einer Tüte sind 15 Leckerlis.

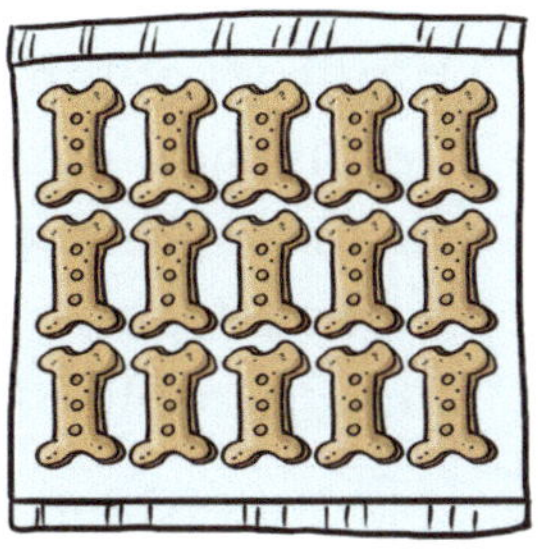

a) Jojo bekommt immer 3 Stück. Wie viele bleiben am Ende übrig?

b) Wie viele bleiben übrig, wenn Jojo immer 4 Stück bekommt?

6 Rechne. Was fällt dir auf?

a)	b)	c)	d)
9 : 3	20 : 4	35 : 5	42 : 6
10 : 3	21 : 4	36 : 5	43 : 6
11 : 3	22 : 4	37 : 5	44 : 6
12 : 3	23 : 4	38 : 5	45 : 6

S. 125 Nr. 6
a) 9 : 3 = 3
10 : 3 = 3 R 1
11 : 3 =

7

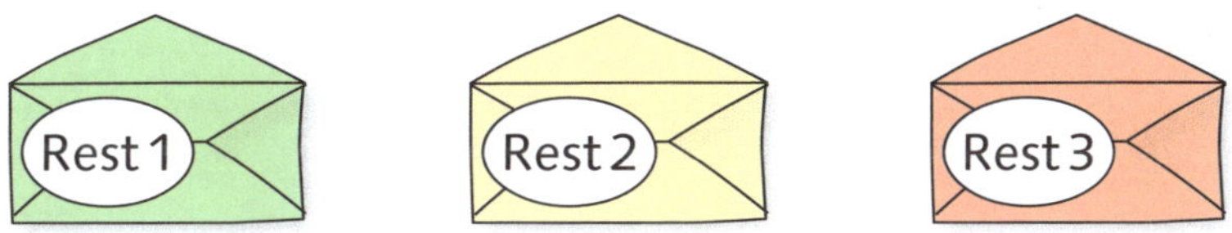

a)

15 : 2	32 : 6	28 : 5	21 : 5	18 : 4
23 : 3	30 : 9	41 : 8	49 : 8	38 : 7
35 : 4	22 : 7	29 : 3	57 : 6	37 : 9

S. 125 Nr. 7
a) Rest 1
15 : 2

b) Bilde weitere Aufgaben, die zu den Briefumschlägen passen.

8 Lara und Nino haben unterschiedliche Lösungen gefunden.

Wer hat recht? Erklärt.

19 : 3

19 : 3 = 6 R 1

19 : 3 = 5 R 4

9

a)	b)	c)
20 : 4 = 6	19 : 5 = 3 R 4	50 : 6 = 8 R 2
36 : 4 = 9	15 : 4 = 3 R 2	36 : 5 = 7 R 1
48 : 6 = 7	37 : 7 = 5 R 2	29 : 4 = 6 R 5
56 : 7 = 8	47 : 5 = 9 R 1	55 : 9 = 6 R 1

5 bis 7 Bei Bedarf mit Material legen und handelnd lösen **7** Aufgaben den Briefumschlägen zuordnen und zu den Umschlägen passende eigene Aufgaben finden **8** Erarbeiten, dass der Rest nicht größer als der Divisor sein kann

Arbeitsheft S. 67

Quadratzahlen

Info

Quadratzahlen
Nimmt man eine Zahl mit sich selbst mal, ist das Ergebnis eine Quadratzahl.

Beispiel
6 · 6 = 36

1

a) Wie haben die Kinder gelegt?
b) Legt genauso. Wie viele Plättchen habt ihr für jedes Quadrat gebraucht?
c) Wie viele Plättchen braucht ihr für die nächsten Quadrate?
d) Warum nennt man diese Zahlen Quadratzahlen?

2 a) Zeichne die Quadrate von 1 · 1 bis 5 · 5 in dein Heft.
b) Zeichne die Quadrate von 6 · 6 bis 10 · 10.

S.	1	2	6	Nr.	2		
	1		1	·	1	=	1

3 Schreibe die passende Malaufgabe zu den Quadratzahlen.

a) 4 = ▢ · ▢
16 = ▢ · ▢

b) 9 = ▢ · ▢
25 = ▢ · ▢

c) 36 = ▢ · ▢
49 = ▢ · ▢

d) 1 = ▢ · ▢
100 = ▢ · ▢

4

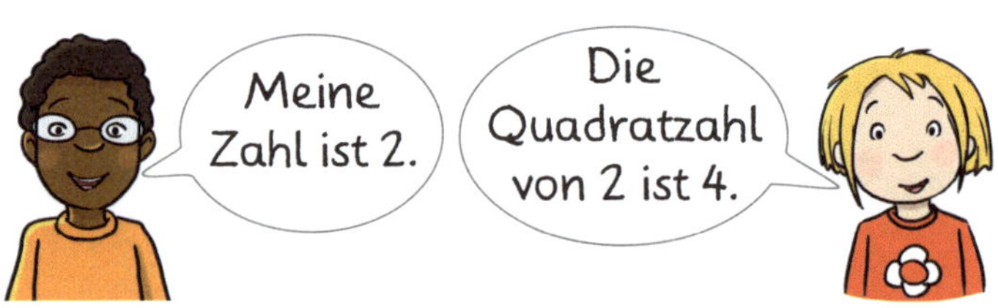

Stellt euch gegenseitig Aufgaben zu den Quadratzahlen. Wechselt euch ab.

5

a) Aus wie vielen Würfeln besteht dieser Brunnen?
b) Ein anderer Brunnen hat 5 Stufen. Aus wie vielen Würfeln besteht er?

6 Zeigt, welche Aufgaben ihr schon auswendig könnt.

1 · 1 | 2 · 2 | 3 · 3 | 4 · 4 | 5 · 5 | 6 · 6 | 7 · 7 | 8 · 8 | 9 · 9 | 10 · 10

1 Mit den Formenplättchen aus der Beilage handelnd nachspielen

Wiederholung

1

a)	b)	c)	d)
18 + 3	23 + 30	21 − 2	56 − 40
29 + 2	45 + 22	33 − 4	69 − 26
38 + 4	57 + 15	42 − 5	52 − 35
47 + 5	65 + 26	81 − 3	84 − 48

: 16, 17, 19, 21, 29, 31, 36, 37, 42, 43, 52, 53, 67, 72, 78, 91

2

a)	b)	c)	d)
2 · 5	3 · 4	4 · 3	10 · 7
4 · 5	6 · 4	8 · 3	5 · 7
2 · 6	3 · 7	4 · 8	10 · 9
4 · 6	6 · 7	8 · 8	5 · 9

3 Welche Aufgaben sind noch schwer für dich? Markiere im Heft. ☒

a)	b)	c)	d)	e)
16 : 4	27 : 3	42 : 6	19 : 2	39 : 6
15 : 5	32 : 8	54 : 9	17 : 5	43 : 8
36 : 6	28 : 4	56 : 8	23 : 4	36 : 7
21 : 7	45 : 9	63 : 7	25 : 3	47 : 9

4 Male im Heft und teile auf.

●●●●●●●●●

9 : 3 | 15 : 4 | 11 : 2 | 17 : 5

5 Schreibe die passende Malaufgabe zu den Quadratzahlen.

a) 4 = ☐ · ☐
9 = ☐ · ☐

b) 16 = ☐ · ☐
25 = ☐ · ☐

c) 36 = ☐ · ☐
49 = ☐ · ☐

d) 64 = ☐ · ☐
81 = ☐ · ☐

6

Eine Inliner-Gruppe mit 6 Kindern will die Räder ihrer Inliner ersetzen.
Wie viele Räder müssen sie kaufen?

L Schreibe je 3 Plusaufgaben, 3 Minusaufgaben und 3 Malaufgaben mit dem Ergebnis 24 auf.

Die Seite selbstständig bearbeiten; bei der Auswertung darauf achten, ob die vier Grundrechenarten im Zahlenraum bis 100 schon sicher beherrscht werden
L Gefundene Aufgaben vorstellen

Projekt: Haustiere

1

Info

Zwerghamster kann man einzeln halten. Am Tag schlafen sie oft. In der Dämmerung und nachts werden sie aktiv. Darauf muss man Rücksicht nehmen. Wenn man sich jeden Tag mit ihnen beschäftigt, werden sie zahm.

a) Informiert euch im Internet über Zwerghamster. Gestaltet ein Plakat.

b) Welche verschiedenen Arten von Zwerghamstern gibt es?

2 Nina hat sich die wichtigsten Informationen herausgesucht und notiert.

Pflege eines Zwerghamsters:

Jeden Tag:
- Näpfe und Toilette reinigen (15 min)
- Futter und Wasser geben (10 min)
- Freilauf (30 min)

Jede Woche:
- Käfig reinigen, Streu erneuern (35 min)

Kosten eines Zwerghamsters:

- Zwerghamster: 15 €
- Käfig: 50 € (Größe mindestens 50 cm x 80 cm)
- Zubehör: 40 €
- Körnerfutter, Frischfutter und Streu: 3 € in der Woche

a) Wie viel Zeit müsste Nina für die tägliche Pflege eines Hamsters einplanen?

b) Wie viele Stunden wären es ungefähr pro Woche, wie viele in einem Monat?

c) Welche Kosten entstehen für die Grundausstattung?

d) Welche Kosten entstehen ungefähr für Futter und Streu pro Monat?

3 Informiert euch in Büchern und im Internet über eure Lieblingstiere. Erstellt Steckbriefe wie Nina. Gestaltet gemeinsam eine Wandzeitung.

1 Ergebnisse der Internet-Recherche in der Gruppe präsentieren und zusammenfassen
2 Darauf achten, auf welche Zeiteinheit (Tag, Woche) sich die Angaben im Steckbrief beziehen

④ Die Kinder einer Grundschule haben eine Umfrage gemacht.

Haustiere in den Klassen

Hunde	Katzen	Fische	Hamster	Mäuse	Vögel	keine
卌 卌 II	卌 卌 IIII	IIII	卌 III	卌 I	II	卌 卌 II
12						

Aus der Strichliste haben die Kinder ein Diagramm erstellt.

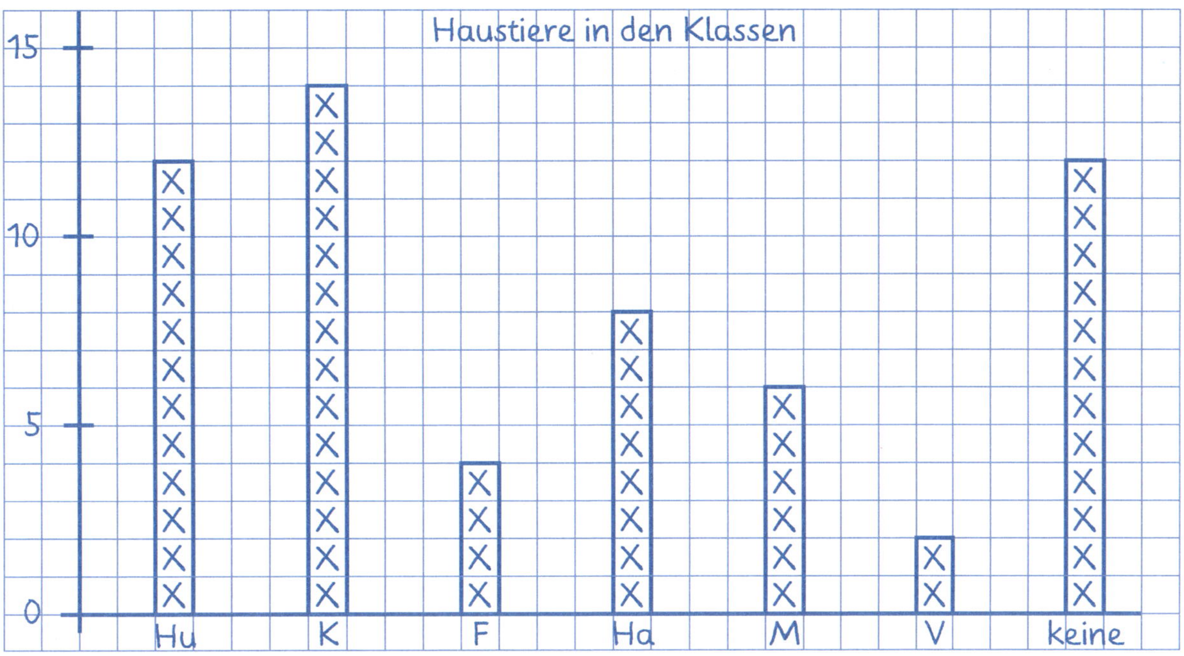

a) Vergleicht Strichliste und Diagramm. Prüft, ob alles richtig übertragen wurde.

b) Wie viele Haustiere haben die Kinder insgesamt?

⑤ Richtig oder falsch?

A Vögel werden am wenigsten gehalten.

B Hunde sind die beliebtesten Haustiere.

C Hunde werden doppelt so häufig gehalten wie Mäuse.

D Fische werden nur halb so häufig gehalten wie Hamster.

E Die meisten Kinder haben kein Haustier.

⑥ Führt eine Umfrage über Haustiere in eurer Klasse durch.

a) Überlegt zuerst, welche Haustiere ihr in eure Umfrage aufnehmt.

b) Erstellt eine Tabelle und ein Diagramm.

4 Strichliste ins Heft übertragen und Anzahlen ergänzen; Gesamtanzahl der Haustiere ermitteln; darüber sprechen, dass manche Kinder mehr als ein Haustier haben können
5 Anhand des Diagramms prüfen, ob eine Aussage zutrifft

100 und mehr

100 und mehr

1 Wo begegnen uns Zahlen? Was bedeuten sie in den Beispielen?

A

B
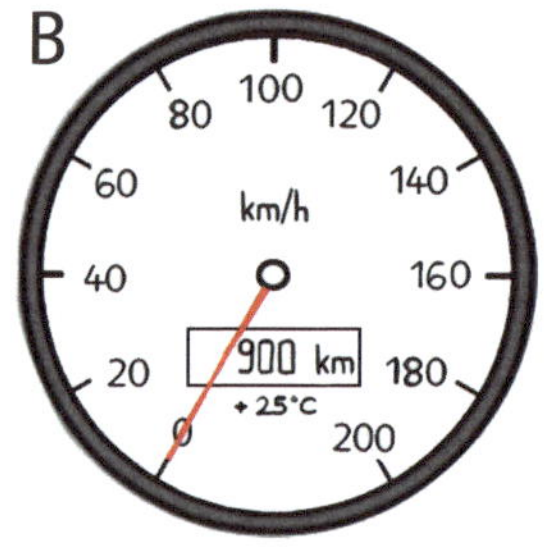

C

D

E

F
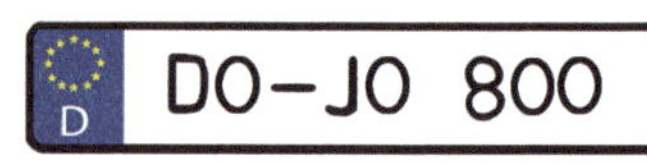

G

H

I

K

L
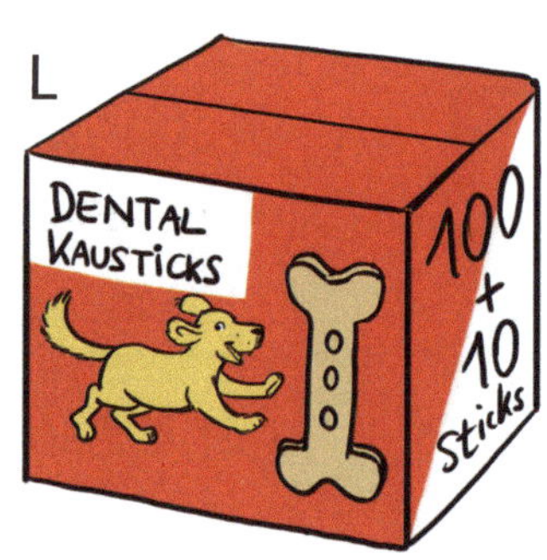

2 Zeigt Zahlen in der Umwelt. Gestaltet ein Plakat.

Über die Bedeutung von Zahlen sprechen und verschiedene Zahlaspekte thematisieren: Zahlen als Anzahlen, Ordnungszahlen, Maßzahlen, Rechenzahlen und zur Codierung

3 Wie viele einzelne Dinge sind es jeweils?

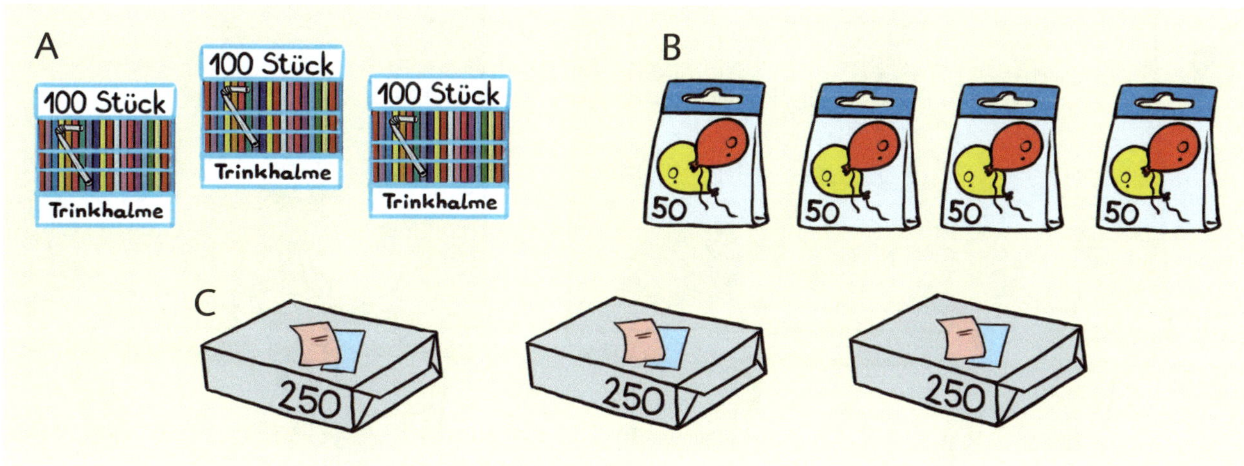

4 Wie viel Euro sind es?

a)

b)

c)

5 Wie viel Cent sind es?

a)

b)

c)

Der Zahlenraum bis 200

1

Arbeitet wie die Kinder. Legt die Zahlen mit Legematerial und Rechengeld: 40 und 140, 50 und 150, 60 und 160, 70 und 170, 80 und 180, 90 und 190

2 Lege und vergleiche. Setze im Heft < oder > ein.

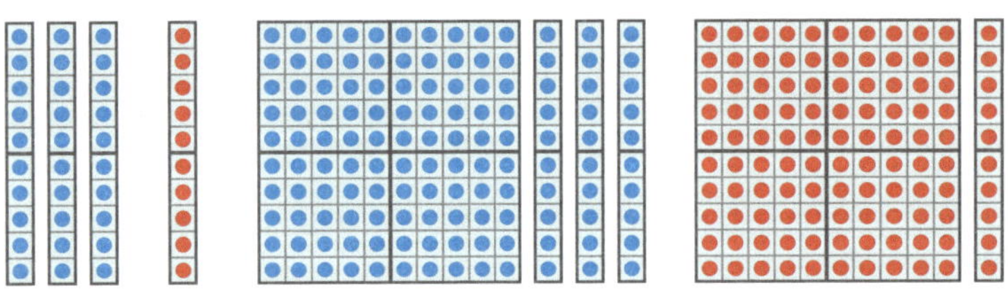

30 > 10 130 > 110

a) 40 ○ 30
140 ○ 130

b) 60 ○ 90
160 ○ 190

c) 20 ○ 50
120 ○ 150

d) 70 ○ 40
170 ○ 140

3 Ordne die Zahlen der Größe nach. Beginne mit der kleinsten Zahl.

180 100 200 120 150 190 95 110

4 Lege und rechne.

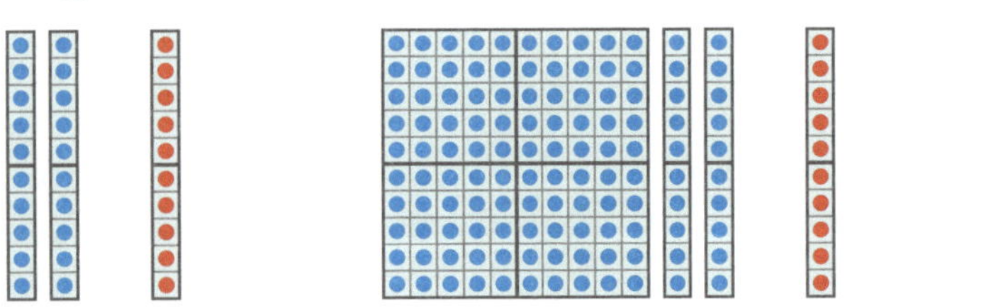

20 + 10 = 30 120 + 10 = 130

a) 40 + 10
140 + 10

b) 30 + 40
130 + 40

c) 70 − 10
170 − 10

d) 80 − 40
180 − 40

Analogien zwischen den Zahlen im Hunderter- und Zweihunderterraum beim Darstellen, Vergleichen und Ordnen von Zahlen sowie beim Rechnen kennenlernen und nutzen

5

1	2	3	4	5	6	7	8	9	10
11				15					20
21				25					30
31				35					40
41				45					50
51				55					60
61				65					70
71				75					80
81				85					90
91				95					100

101	102	103	104	105	106	107	108	109	110
111				115					120
121				125					130
131				135					140
141				145					150
151				155					160
161				165					170
171				175					180
181				185					190
191				195					200

a) Untersucht die Anordnung der Zahlen in beiden Tafeln.
Was stellt ihr fest?

b) Zeigt Zahlen: 100 und 200, 50 und 150, 20 und 120, 55 und 155.
Was fällt euch auf?

c) Nennt und zeigt weitere Zahlenpaare.

d) Zeigt leere Felder und erklärt, welche Zahlen darin stehen könnten.

6

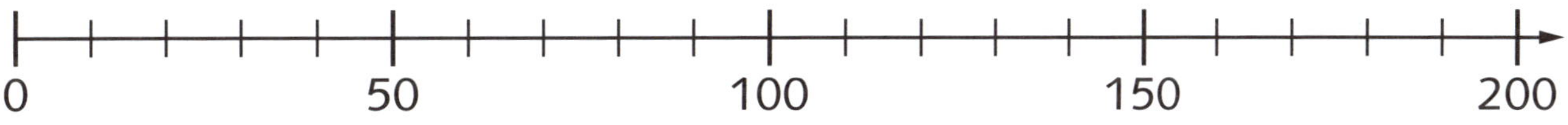

a) Zeigt und nennt Zehnerzahlen am Zahlenstrahl.

b) Zählt in Zehnerschritten von 0 bis 200.

c) Zählt in Zehnerschritten von 200 bis 0.

7 Schreibe die nächsten 5 Zahlen auf. Nutze den Zahlenstrahl.

a) 100, 110, 120, …

b) 200, 190, 180, …

c) 75, 85, 95, …

d) 185, 165, 145, …

5 Anordnung der Zahlen in der Hunderter- und Zweihundertertafel unter Nutzung von Analogien thematisieren **6** Anordnung der Zahlen am Zahlenstrahl erkunden; Beziehungen zwischen den Zahlen im Zahlenraum bis 200 entdecken und nutzen

Arbeitsheft S. 70

Merkwissen/Wortspeicher

Zahlen schreiben und sprechen

Ich lege:

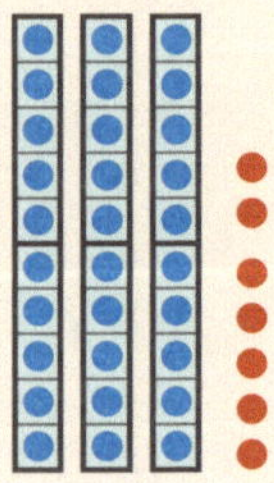

Ich schreibe: 37

Ich spreche:

Rechenwege bei Plusaufgaben und Minusaufgaben

Malaufgaben

4 + 4 + 4 = 12

3 · 4 = 12

3 mal 4 ist gleich 12

Geteiltaufgaben

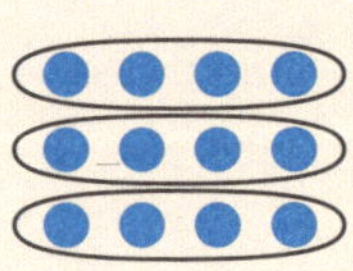

12 : 4 = 3

12 *geteilt durch* 4 *ist gleich* 3

Schlüsselaufgaben

Malaufgaben
mit 1, 2, 10 und 5
sind leicht.
Wir nennen sie
Schlüsselaufgaben.

1 · 4 = 4
2 · 4 = 8 — 2-mal ist das Doppelte von 1-mal.

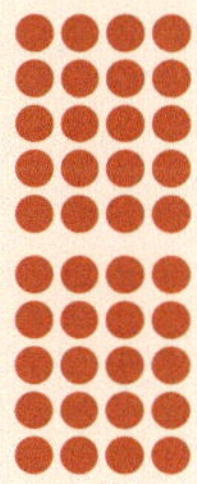

10 · 4 = 40
5 · 4 = 20 — 5-mal ist die Hälfte von 10-mal.

Teilen mit Rest

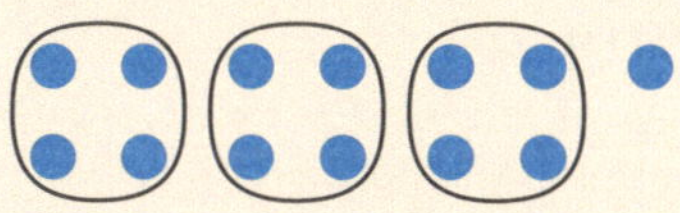

13 : 4 = 3 Rest 1
kurz:
13 : 4 = 3 R 1
denn 3 · 4 = 12
und 12 + 1 = 13

Körper

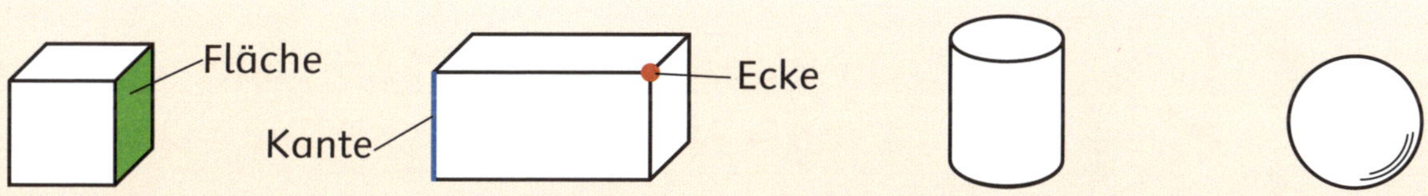

Würfel **Quader** **Zylinder** **Kugel**

Ebene Figuren

Vierecke

Quadrat	**Rechteck**	**Dreieck**	**Kreis**
4 Ecken Alle 4 Seiten sind gleich lang.	4 Ecken Gegenüberliegende Seiten sind gleich lang.	3 Ecken 3 Seiten	

Achsensymmetrie

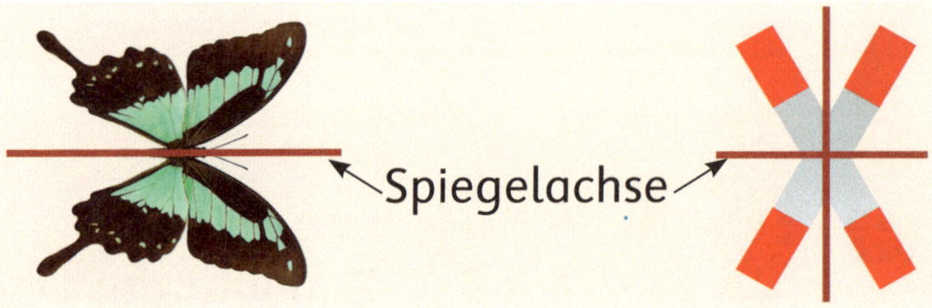

Spiegelbildliche Figuren nennt man auch symmetrische Figuren.

Strecken

Diese Strecke ist einen Zentimeter lang. 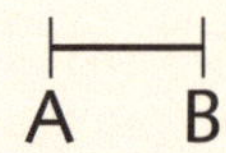

$\overline{AB}$ = 1 cm

Ein Meter sind 100 Zentimeter. 1 m = 100 cm

Datum

Ein Datum gibt den Tag, den Monat und das Jahr an.

Ohne Wochentag:	1. Januar 2025	1.1.2025
Mit Wochentag:	Mittwoch, 1. Januar 2025	Mittwoch, 1.1.2025

Uhrzeit

Stundenzeiger
Minutenzeiger

Ein Tag ist in zweimal 12 Stunden eingeteilt.

1 Tag = 24 Stunden 1 Tag = 24 h

Eine Stunde ist in 60 Minuten unterteilt.

1 Stunde = 60 Minuten 1 h = 60 min

Zeitpunkte und Zeitspannen

Zwischen zwei Zeitpunkten liegt eine Zeitspanne.

8.00 Uhr —3 h→ 11.00 Uhr

Zeitpunkt Zeitspanne Zeitpunkt